INVENTAIRE

V33167

I0068602

V

INVENTAIRE
V 33167

LE CADASTRAL.

V

LE CADASTRAL,

Ouvrage indispensable

Aux Propriétaires , Fermiers , Notaires , Agents d'Affaires , Ébénistes , Entrepreneurs , Marchands de Bois , Menuisiers , Tonneliers , Charrons , Charpentiers , Maçons , Plâtriers , Forgerons , Mécaniciens , Courtiers , Commissionnaires , etc.

PAR

P.-A. BRET ,

GÉOMÈTRE ,

A ARLES.

BÉZIERS, TYPOGRAPHIE D'ERNEST FUZIER , RUE MONTMORENCI.

1864.

C.

AVIS AU LECTEUR.

L'art de la Gravure auquel nous nous sommes livré dans nos moments de loisir, nous a mis à même de graver des figures propres à faciliter l'intelligence du texte. Aussi, dans tous nos ouvrages, fournissons-nous à nos lecteurs toutes celles qui nous paraissent utiles pour la propagation des arts et des sciences.

On peut assurer que de tous les arts d'imitation, il n'en est aucun qui soit d'une utilité plus générale que celui de la gravure. Dès son commencement, on s'en est servi pour étendre les diverses branches de nos connaissances.

Sans cet art ingénieux, comment aurait-on pu propager les connaissances mathématiques, la géométrie, l'architecture, la géographie, l'astronomie, les découvertes en mécanique, les procédés de construction, les figures d'histoire naturelle, les compositions musicales ? Eût-il été possible de faire suivre les pas d'un voyageur, et de fixer dans la mémoire la configuration physique et politique des provinces, des royaumes et de toutes les parties connues de la terre ?

Ne passons pas sous silence que c'est par la gravure qu'ont été exécutés les caractères mobiles de *l'imprimerie*, invention due à L'IMMORTEL GUTTENBERG, de 1438 à 1450 ; invention qui est venue clore l'ère de la barbarie et des ténèbres, pour faire place à celle de la civilisation et du progrès.

Aussi, depuis cette époque, plusieurs savants ont dit : « *Parler, lire, écrire, imprimer, publier, graver, peindre,* sont des industries du droit commun, et le devoir de tous les esprits forts. Il n'y a que les incapables et les ignares qui puissent y faire opposition. »

Quant à nous, nous ferons tous nos efforts pour nous rendre utile, tant par notre faible plume, que par notre modeste burin.

LE CADASTRAL.

ABRÉGÉ HISTORIQUE

SUR LE CADASTRE FRANÇAIS.

Il est probable, d'après les anciens auteurs, que nous sommes redevables à l'Égypte, ce pays si florissant jadis, ce berceau de la civilisation, des sciences et des arts, dont les Grecs furent les premiers héritiers, de l'invention de l'*Arpentage proprement dit*, ou l'art de mesurer la superficie d'un terrain, par suite des inondations périodiques et annuelles du Nil *, ne pouvant plus reconnaître les limites des champs, cachés sous un limon épais qui fait la fertilité du pays, par l'engrais qu'il y dépose composé de tant de corps étrangers et de myriades d'animalcules laissés au contact de l'air, qui occasionnent la peste ; invention qui donna lieu à la levée des plans, ou l'art de représenter en petit, sur le papier, la forme et les détails d'un terrain, en conservant des détails et de l'ensemble, et du lavis des plans, ou l'art de distinguer, sur un plan, les différentes espèces de terre ou de culture, au moyen de teintes convenables.

Telle est vraisemblablement la première origine de l'arpentage, et, conséquemment de la géométrie.

---

* Il y a aussi le Niger, le Ménau, la Plata et plusieurs autres fleuves de la Zône Torride qui débordent tous les ans, et dont les crues moyennes sont de six mètres, pendant deux mois et demi.

L'Égypte est située en Afrique ; bornée au nord par la Méditerannée , à l'est par la Mer Rouge et par l'Isthme de Suez qui la séparent de l'Asie où a lieu actuellement le percement de l'Isthme de ce nom , cette vaste et utile entreprise , essentiellement civilisatrice de tout l'ancien monde , due à la persévérance de la France , malgré l'opposition énergique et constante de l'aristocratie anglaise.

Aussitôt que les hommes furent réunis en société , et que l'on connut la propriété , l'arpentage devint nécessaire pour limiter les biens ruraux, et pour s'opposer aux empiétements de voisins avides, ignorants surtout, et évidemment barbares.

Mais avant cette belle invention , l'homme était à l'état sauvage ; il ne connaissait que les forêts où s'étendaient ses courses de chasse , les rivières qui fournissaient à sa pêche , les montagnes qui lui indiquaient la route de sa cabane , les pâturages où erraient ses troupeaux ; il ne connaissait ses voisins que par les querelles incessantes qu'il avait avec eux , et par les combats qu'il leur livrait : tout le reste du monde lui était inconnu.

Il est encore probable que la France aurait pris l'initiative de faire représenter , sur le papier , toutes les parcelles de terres , domaines , hameaux , villages , villes , fleuves , canaux , routes , chemins , montagnes , forêts , etc. , de notre pays , qu'on appelle *Cadastre* ou Registre public qui se trouve dans toutes les communes ; dans lequel la quantité , la qualité et la valeur des biens fonds compris dans une certaine étendue du territoire , sont marqués en détail.

Nous donnons ci-après , pour faire connaître l'utilité

du Cadastre , la figure d'une feuille cadastrale , où chaque propriétaire peut facilement se rendre compte des parcelles lui appartenant , tant pour opérer les mutations dans la propriété des parcelles , ou par suite de ventes , de changement de culture , et diverses modifications qu'éprouvent les objets imposables , lorsqu'elles sont de nature à motiver une réduction permanente ou temporaire , dans le chiffre assigné pour base à la répartition , indiquant la *Section* , le *numéro* de chaque parcelle , les *limites* avec les sections voisines , *clos* , *quartiers* , *routes* , *chemins* , *canaux* , *fleuves* , *etc.* , qui la traversent , à l'échelle de proportion de 1 à 5,000 , c'est-à-dire, que un millimètre sur le papier en représente cinq sur le terrain.

Outre cette échelle de proportion , l'usage admet des échelles de 1 à 2,500 , de 1 à 1,250 , etc. , selon les parcelles à décrire d'une manière plus ou moins sensible.

Autrefois , chaque province donnait un nom à son cadastre : celui du Dauphiné , par exemple, était appelé *Péréquaire* ; celui de Provence , *Affouagement* ; celui du Languedoc , *Compoix* ; mais il n'existait aucun plan , et les contribuables et les administrateurs étaient souvent dans la confusion.

Le Cadastre était établi dans le dernier temps de l'empire romain. Des agents spéciaux étaient chargés de parcourir les provinces pour prendre des renseignements sur les espèces de sol , l'étendue et la nature des propriétés , la quantité et la valeur des produits , le nombre des esclaves et le revenu de chaque contribuable.

Mais après l'invasion barbare , la multiplicité des terres données aux églises avec exemption de toute taxe , et les usurpations des grands officiers complétèrent un tel désordre , que ces registres cadastraux disparurent , et la confu-

sion fut à son comble. Mais après que la féodalité se fut
constituée, chaque Seigneur se hâta, pour faciliter les
recouvrements des redevances dues par ses vassaux, de
faire dresser des cadastres particuliers qui reçurent le nom
de *Terriers*.

En France, la confection du Cadastre a marché lente-
ment, et ce n'est seulement, à partir de la loi de 1821,
qu'elle fut poussée avec une activité égale à son importance.
Cet immense et utile travail, à l'exception du Cadastre de
la Corse, est aujourd'hui terminé. Il a duré plus de 30
ans, et a coûté près de 150 millions.

Le résultat des opérations cadastrales donne une superficie du territoire français, (non compris la Corse, l'Algérie
et les Colonies) de 52,305,744 hectares 32 ares. Cette
superficie se partage en propriétés imposables et propriétés
non imposables.

Contenance et distinction des *Propriétés imposables*.

	hectares	ares
Terres labourables	25,581,658	70
Prés	5,159,226	26
Vignes	2,090,533	58
Bois	7,702,435	16
Vergers, Pépinières, Jardins	628,235	35
Oseraies, Alnées, Saussaies	64,716	51
Carrières et Mines	4,175	74
Mares, Canaux d'irrigation, Abreuvoirs	17,400	94
À reporter	41,248,382	24

Report	41,248,832	24
Canaux de navigation	12,272	98
Étangs . . . . . . , ...	178,723	28
Landes , Pâtis , Bruyères , Tourbières , Marais, Rochers, Montagnes incultes . Terres vaines et vagues	7,171,203	16
Olivets , Amandiers , Mûriers , etc. . . .	110,724	60
Châtaigniers	563,986	26
TOTAL *des Propriétés non bâties imposables*	49,285,292	52
Propriétés bâties imposables .	245,043	45
TOTAL GÉNÉRAL	49,530,335	97

Contenance des Objets non imposables.

	hectares	ares
Routes , Chemins , Rues , Places et Promenades publiques , ci . . , . . .	1,102,845	47
Rivières , Lacs , Ruisseaux	441,170	13
Forêts et Domaines non productifs . .	1,057,114	09
Cimetières , Presbytères , Bâtiments d'utilité publique , superficie des Églises	14,771	06
Autres objets non imposables	159,507	60
TOTAL	2,775,408	35

1 *b*

Contenance des Propriétés bâties imposables.

	hectares
Maisons, Magasins, Boutiques et autres bâtiments consacrés à l'habitation, au commerce et à l'industrie	6,771,899
Moulins à eau et à vent	88,332
Forges et Fourneaux	5,676
Fabriques, Manufactures, Usines . .	23,881
Autres constructions industrielles . . .	26,111
TOTAL	6,915,899

Enfin, la matrice cadastrale porte le revenu total imposable de la France à 1,053,907,113 francs 56 centimes ; le nombre des propriétaires à 11,053,702 , et le nombre des parcelles à 126,210,194.

Bien que tous ces chiffres soient puisés dans des documents officiels, il est indispensable de faire observer au lecteur, que la confection du Cadastre ayant exigé une trentaine d'années, les données numériques relatives à la distinction et à la contenance des cultures, au chiffre relatif des propriétaires, et au chiffre relatif du revenu total imposable, ne sauraient représenter exactement les faits actuels.

MESURES AGRAIRES

Françaises et Étrangères.

———❦———

Le tableau suivant des Mesures Agraires que nous donnons est d'une grande importance, car bien souvent des personnes de tous arts et de toutes conditions traitent des affaires aveuglément : l'expérience nous l'a démontré depuis que l'usage exclusif du système métrique en est exigé dans les actes publics des Greffiers, des Notaires, des Avoués, etc.; car qu'on se désabuse que l'ancienne mesure de Paris soit la même de Lyon, de Bordeaux, de Marseille et de tous les pays étrangers. Il est rare qu'elles soient égales. Mais qu'on traite à l'*hectare*, à l'*are*, c'est là la véritable base. Avec ce tableau on peut le faire facilement et sans aucun risque, en connaissant la contenance usitée dans tel ou tel pays.

Mais comme bien de personnes n'ont pas acquis les connaissances suffisantes à ce sujet, nous ferons tout ce qui dépendra de nous pour les guider dans la voie de la vérité.

En effet, beaucoup de personnes nous font l'aveu qu'elles ne comprennent pas ces mots d'*hectare*, d'*are*, de *centiare*. Pour éclaircir ces mots, nous ferons une comparaison très-simple : supposons la quarterée de Marseille, équivalant à 20 ares 51 centiares, qui commence le tableau, ou soit 2,051 mètres carrés (car le centiare n'est autre chose qu'un mètre carré.) Mais cette comparaison ne satisfait pas tout le monde. Il est des gens avancés en âge ayant l'habitude des anciennes mesures, et de plus jeunes qui croient que c'est un carré de 2,051 mètres en longueur et 2,051 mètres en largeur.

Pour rendre cette comparaison plus facile et à la portée de toutes les mémoires, nous dirons que si on disposait 2,051 tables carrées de cuisine ou de café, d'un mètre de longueur et d'un mètre de largeur à la suite les unes des autres, cela donnerait 2,051 mètres de longueur sur un mètre de largeur. Il en serait de même de l'*hectare*, qui contient 10,000 mètres carrés, ou soit 10,000 tables disposées comme ci-dessus, et on obtiendrait 10,000 mètres de longueur, ou soit un myriamètre ou 10 kilomètres sur un mètre de largeur.

On pourrait disposer ces tables dans toutes les formes imaginables, régulières ou irrégulières ; enfin comme on disposerait d'un jeu de *dominos*, la contenance serait toujours la même.

TABLEAU COMPARATIF

Des anciennes Mesures Agraires (des champs) avec les nouvelles de plusieurs Communes des Départements des Bouches-du-Rhône, du Gard, de Vaucluse et de divers pays étrangers.

Bouches-du-Rhône.

	ares	cent.
MARSEILLE. — La quarterée vaut	20	51
AIX. — Le journal vaut	59	30
La quarterée, 2 1|2 au journal, vaut	23	72

<pre>
                                             ares cent.
ARLES. — SAINTES-MARIES. — La salmée vaut . 52   21
        La sétérée , 3 à la salmée , vaut 17   40
        L'éminée , 2 à la sétérée , vaut   8   70
        Le dextre , 33 1|3 à l'éminée , vaut . .   26

TARASCON. — FONTVIEILLE. — BOULBON. —
        BARBENTANNE. — CHATEAURENARD. —
        GRAVESON. — MAILLANNE. — EYRAGUES.
        — LES BAUX-PARADOU. — MAUSSANNE. —
        MOURIÈS. — EYGALIÈRES. La salmée vaut 70   04
        L'éminée ou sétérée , 8 à la salmée , vaut 8   75
        Le dextre , 100 à l'éminée . vaut. . . .   08

SAINT-REMY. — La salmée vaut 71   86
        L'éminée , 8 à la salmée , ...   8   98
        Le dextre , 100 à l'éminée , ...   08

ORGON. — SÉNAS. — La charge vaut 71   18
        L'éminée , 8 à la charge , ...   8   89
        Le boisseau , 8 à l'éminée , ...   1   11
        Le dextre , 100 au boisseau , ...   09
</pre>

Gard.

<pre>
NIMES. — BOUILLARGUES. — FONS. — La salmée
        vaut 66   99
        L'éminée , 12 à la salmée , ...   5   58
        Le dextre, 31 1|4 à l'éminée, ...   18

UZÈS. — ST.-QUINTIN. — REMOULINS. — La
        salmée vaut 63   19
        L'émine , 10 à la salmée , ...   6   31
        Le vestison , 10 à l'émine , ...   63
</pre>

ares cent.

BAGNOLS. — Saint-Esprit. — La salmée vaut   63   19

           L'émine, 8 à la salmée , ...   7   89

           Le boisseau, 8 à l'émine, ...   98

           La leydière , 4 au boisseau , ...   24

ALAIS. — Sommières. — Calvisson. La sétérée

       vaut . . . . , ...   19   99

           Le quarte , 4 à la sétérée , ...   5   00

           Le dextre , 25 au quarte , ...   20

LÉDÉNON. — La salmée vaut   59   98

           L'émine , 12 à la salmée , ...   5   00

           Le dextre , 25 à l'émine , ...   20

LANGLADE. — Redessan. — La salmée vaut .   59   30

           L'émine, 12 à la salmée , ...   4   94

           Le dextre , 25 à l'émine , ...   20

MANDUEL. — La salmée vaut   74   13

           L'émine, 12 à la salmée , ...   6   17

           Le boisseau , 6 à l'émine , ...   1   03

           Le dextre , 5 et 5|24mes au boisseau , .   20

BEAUCAIRE. — Jonquières. — Saint-Vincent.

       La salmée vaut   61   32

           L'émine, 8 à la salmée , ...   7   66

           Le Picotin , 10 à l'émine , . . . , . .   76

SAINT-GILLES. — La salmée vaut   79   07

           La sétérée , 4 à la salmée , ...   19   76

           L'émine , 2 à la sétérée , ...   9   88

           Le dextre , 50 à l'émine , ...   20

Vaucluse.

	ares	cent.
AVIGNON. — La salmée vaut	68	28
L'éminée, 8 à la salmée,	8	54
Le Cosse, 20 à l'éminée,		42
CAVAILLON — La salmée vaut	70	28
L'éminée, 8 à la salmée	8	78
Le Cosse, 20 à l'éminée,		44

Mesures Étrangères.

	ares	cent.
ANGLETERRE.— Le rood, 1210 yards carrés vaut	10	12
L'acre, 4 roods	40	47
FRANCE et BELGIQUE. — L'hectare vaut	100	00
L'are, 100 à l'hectare	1	00
BRÉSIL (Amérique.) — La Braça carrée, 4 varas carrés vaut		5
La vara carrée.		1
ESPAGNE. — L'estadal, perche de 12 pieds de côté, vaut		11
Le fanega, 24 perches de côté,	64	40
HANOVRE. — Le morgen vaut	25	92
NAPLES. — Le moggia vaut	33	43
PORTUGAL. — Le geira vaut	58	27
PRUSSE. — Le morgen vaut	25	53

ROME. – Le pezza vaut 26 41

RUSSIE. — Le déciatine, 2400 sazènes carrés,
vaut 109 25

SUÈDE. — Le tuneland vaut 49 33

SUISSE. — La perche carrée, 100 pieds carrés,   09
L'arpent, 400 perches, vaut 36 00

VIENNE (AUTRICHE.) — Le joch vaut 57 60

N. B. — Les fractions au-dessous du centiare nous ayant paru inutiles, nous les avons négligées afin de ne pas surcharger la mémoire de bien des personnes.

Explication des Prix des Mesures Agraires.

Comme l'ancienne mesure agraire (des champs) diffère presque dans chaque localité, non-seulement en France, mais en général partout, nous croyons nous rendre utile à toutes les classes de la société, en donnant le tableau ci-après, pour empêcher bien des fraudes et des erreurs par ignorance.

Ainsi, d'après ce tableau, connaissant le prix de la mesure d'un pays, on peut connaître celui de l'hectare, de l'are et du centiare ; on peut connaître aussi celui de la mesure d'un localité quelconque.

La première colonne indique le prix de l'hectare, depuis un franc jusqu'à 10,000 francs ; la deuxième, celui de la quarterée de Marseille (20 ares 51 centiares) ; la troisième, celui du journal d'Aix (50 ares 30 centiares); la quatrième, celui de la sétérée d'Arles (17 ares 49 centiares); la cinquième, celui de la salmée d'Avignon (68 ares 28 centiares ; et la sixième, celui de la salmée de Nîmes (66 ares 99 centiares.)

Comme il nous est impossible de fournir un tableau général du prix de toutes les mesures locales, nous allons donner plusieurs formules pour les calculer, le prix de l'hectare étant connu.

PREMIÈRE FORMULE.

On demande, par exemple, le prix de la quarterée de Marseille, soit 20 ares 51 centiares, à raison de 11 francs l'hectare, qui n'est pas exprimé dans le tableau.

Nous devons faire remarquer **ici** que les 20 ares 51 centiares sont des fractions décimales de l'hectare, et qui seront retranchées par une virgule à la droite du produit, de deux en deux chiffres.

EXEMPLE :

2051   centiares ou mètres carrés.

11   francs l'hectare ,

```
  2051
 2051
```

coûtent 2,25,61   soit 2 francs 25 centimes.

Nous négligeons les deux autres chiffres comme étant sans importance.

2

DEUXIÈME FORMULE.

On demande le prix de la quarterée de Marseille (20 ares 51 centiares), à raison de 3 fr. 25 c. l'hectare, qui n'est pas exprimé non plus dans le tableau. Ici nous aurons deux décimales de plus pour les centimes, que nous retrancherons comme ci-dessus.

EXEMPLE :

$$\begin{array}{r}
2051 \quad \text{centiares} \\
\text{à} \quad 3 \text{ fr. } 25 \quad \text{centimes l'hectare} \\
\hline
10255 \\
4102 \\
6153 \\
\hline
\end{array}$$

coûtent   66,65,75, soit 66 centimes et une fraction que nous négligeons également.

AUTRE EXEMPLE :

$$\begin{array}{r}
2051 \quad \text{centiares} \\
\text{à} \quad 82 \text{ fr. } 35 \quad \text{centimes l'hectare} \\
\hline
10255 \\
6153 \\
4102 \\
16408 \\
\hline
\end{array}$$

coûtent 16,88,99,85   soit 16 francs 88 centimes.

TROISIEME FORMULE.

On demande le prix de la sétérée d'Arles (17 ares 40 centiares), à raison de 5 fr. 30 c. l'hectare.

EXEMPLE.

$$
\begin{array}{r}
1740 \ \text{centiares} \\
\text{à} \quad 5 \text{ fr. } 30 \ \text{centimes l'hectare} \\
\hline
5220 \\
8700 \\
\hline
\end{array}
$$

coûtent 92,22,00 , soit 92 centimes

QUATRIÈME FORMULE

Pour connaître le prix d'une partie de terre, celui d'une mesure locale étant déterminé.

On demande, par exemple, combien coûteront 25 ares 32 centiares vendus à raison de 1415 fr. la salmée d'Avignon (68 ares 28 centiares.) Nous dirons par une simple règle de trois : si 6828 mètres coûtent 1415 fr., combien coûteront 2532 centiares. Évidemment le quatrième terme sera le prix demandé qui est 524 fr. 72 cent.

Et par une même simple règle de trois, on connaîtra le prix de l'hectare, en disant : si 6828 mètres coûtent 1415 francs, combien coûteront 10,000 mètres (l'hectare.) Le quatrième terme donnera donc 2072 francs 33 centimes pour le prix de l'hectare.

Ce tableau peut servir, non-seulement à la vente des biens, mais encore à connaître les prix des travaux à forfaits pour les moissons, fermages, etc.

TABLEAU COMPARATIF

Du prix de la *quarterée* de Marseille (20 ares 51 centiares), depuis 1 fr. jusqu'à 10,000 fr. l'hectare; le *journal* d'Aix. (59 ares 30 centiares); la *sétérée* d'Arles (17 ares 40 centiares); la *salmée* de Nîmes (66 ares 99 centiares); la *salmée* d'Avignon (68 ares 28 centiares) et avec plusieurs formules à la portée de toutes les intelligences, pour calculer le prix d'une mesure locale quelconque.

L'Hectare, 10,000 mètres carrés.	La Quarterée de Marseille, (20 ares 51 centiares)		Le Journal d'Aix, (59 ares 30 centiares)		La Sétérée d'Arles, (17 ares 40 centiares)		La Salmée d'Avignon (68 ares 28 centiares)		La Salmée de Nîmes, (66 ares 99 centiares)	
à	vaut		vaut		vaut		vaut		vaut	
fr.	fr.	c.	fr.	c.	fr.	c.	fr.	c.	fr.	c.
1		20		59		17		68		66
2		41	1	18		34	1	36	1	33
3		61	1	77		52	2	04	2	» »
4		82	2	37		69	2	73	2	67
5	1	02	2	96		87	3	41	3	34
6	1	23	3	55	1	04	4	09	4	01
7	1	43	4	15	1	21	4	77	4	68
8	1	64	4	74	1	39	5	46	5	35
9	1	84	5	33	1	56	6	14	6	02
10	2	05	5	93	1	74	6	82	6	69
20	4	10	11	86	3	48	13	65	13	39
30	6	15	17	79	5	22	20	48	20	09
40	8	20	23	72	6	96	27	31	26	79
50	10	25	29	65	8	70	34	14	33	49
60	12	30	35	58	10	44	40	96	40	19
70	14	35	41	51	12	18	47	79	46	89
80	16	40	47	44	13	92	54	62	53	59
90	18	45	53	37	15	66	61	45	60	29
100	20	51	59	30	17	40	68	28	66	99
110	22	56	65	23	19	14	75	10	73	68
120	24	61	71	16	20	88	81	93	80	38
130	26	66	77	09	22	62	88	76	87	08
140	28	71	83	02	24	36	95	59	93	78

L'Hectare, 10,000 mètres carrés	La Quartarée de Marseille, (20 ares 61 centiares)		Le Journal d'Aix (69 ares 30 centiares)		La Séterée d'Arles, (17 ares 40 centiares)		La Salmée d'Avignon (68 ares 28 centiares)		La Salmée de Nîmes, (66 ares 99 centiares)	
à	vaut		vaut		vaut		vaut		vaut	
fr.	fr.	c.	fr.	c.	fr.	c.	fr.	c.	fr.	c.
150	30	76	88	95	26	10	102	42	100	48
160	32	81	94	88	27	84	109	24	107	18
170	34	86	100	81	29	58	116	07	113	88
180	36	91	106	74	31	32	122	90	120	58
190	38	96	112	67	33	06	129	73	127	28
200	41	02	118	60	34	80	136	56	133	98
210	43	07	124	53	36	54	143	38	140	67
220	45	12	130	46	38	28	150	21	147	37
230	47	17	136	39	40	02	157	04	154	07
240	49	22	142	32	41	76	163	87	160	77
250	51	27	148	25	43	50	170	70	167	47
260	53	32	154	18	45	24	177	52	174	17
270	55	37	160	11	46	98	184	55	180	87
280	57	42	166	04	48	72	191	18	187	57
290	59	47	171	97	50	46	198	01	194	27
300	61	53	177	90	52	20	204	84	200	97
310	63	58	183	83	53	94	211	66	207	66
320	65	63	189	76	55	68	218	49	214	56
330	67	68	195	69	57	42	225	32	221	06
340	69	73	201	62	59	16	232	15	227	76
350	71	78	207	55	60	90	238	98	234	46
360	73	83	213	48	62	64	245	80	241	16
370	75	88	219	41	64	38	252	63	247	86
380	77	93	225	34	66	12	259	46	254	56
390	79	98	231	27	67	86	266	29	261	26
400	82	04	237	20	69	60	273	12	267	96
410	84	09	243	13	71	34	279	94	274	65
420	86	14	249	06	73	08	286	77	281	35
430	88	19	254	99	74	82	293	60	288	05
440	90	24	260	92	76	56	300	43	294	75
450	92	29	266	85	78	30	307	26	301	45
460	94	34	272	78	80	04	314	08	308	15
470	96	59	278	71	81	78	320	91	314	85
480	98	44	284	64	83	52	327	74	321	55
490	100	49	290	57	85	26	334	57	328	25

L'Hectare, 10,000 mètres carrés, à	La Quartaree de Marseille, (20 ares 54 centiares) vaut		Le Journal d'Aix, (59 ares 30 centiares) vaut		La Salérée d'Arles, (17 ares 40 centiares) vaut		Le Salmée d'Avignon (68 ares 28 centiares) vaut		La Salmée de Nîmes, (66 ares 99 centiares) vaut	
fr.	fr.	c.	fr.	c.	fr.	c.	fr.	c.	fr.	c.
500	102	55	296	50	87	..	341	40	334	95
510	104	60	302	43	88	74	348	22	341	64
520	106	65	308	36	90	48	355	05	348	34
530	108	70	314	29	92	22	361	88	355	04
540	110	75	320	22	93	96	368	71	361	74
550	112	80	326	15	95	70	375	54	368	44
560	114	85	332	08	97	44	382	36	375	14
570	116	90	338	01	99	18	389	19	381	84
580	118	95	343	94	100	92	396	02	388	54
590	121	..	349	87	102	66	402	85	395	24
600	123	06	355	80	104	40	409	68	401	94
610	125	11	361	73	106	14	416	50	408	63
620	127	16	367	66	107	88	423	33	415	33
630	129	21	373	59	109	62	430	16	422	03
640	131	26	379	52	111	36	436	99	428	73
650	133	31	385	45	113	10	443	82	435	43
660	135	36	391	58	114	84	450	64	442	13
670	137	41	597	31	116	56	457	47	448	83
680	139	46	403	24	118	52	464	30	455	53
690	141	51	409	17	120	06	471	13	462	23
700	143	57	415	10	121	80	477	96	468	93
710	145	62	421	03	123	54	484	78	475	62
720	147	67	426	96	125	28	491	61	482	32
730	149	72	432	89	127	02	498	44	489	02
740	151	77	438	82	128	76	505	27	495	72
750	153	82	444	75	130	50	512	10	502	42
760	155	87	450	68	132	24	518	92	509	12
770	157	92	456	61	133	98	525	75	515	82
780	159	97	462	54	135	72	532	58	522	52
790	162	02	468	47	137	46	539	41	529	22
800	164	08	474	40	139	20	546	24	535	92
810	166	13	480	33	140	94	553	06	542	61
820	168	18	486	26	142	68	559	89	549	51
830	170	23	492	19	144	42	566	72	556	01
840	172	28	498	12	146	16	573	55	562	71

L'Hectare, 10,000 mètres carrés à	Le Quarterée de Marseille, (20 ares 61 centiares) vaut	Le Journal d'Aix, (59 ares 90 centiares) vaut	La Sétérée d'Arles, (17 ares 40 centiares) vaut	La Salmée d'Avignon (68 ares 26 centiares) vaut	La Salmée de Nîmes, (66 ares 99 centiares) vaut
fr.	fr. c.	fr. c.	fr. c.	fr. c.	fr. c.
850	174 33	504 05	147 90	580 38	569 41
860	176 38	509 98	149 64	587 20	576 11
870	178 43	515 91	151 38	594 03	582 81
880	180 48	521 84	153 12	600 86	589 51
890	182 53	527 77	154 86	607 69	596 21
900	184 59	533 70	156 60	614 52	602 91
910	186 64	539 63	158 34	621 34	609 60
920	188 69	545 56	160 08	628 17	616 50
930	190 74	551 49	161 82	635 ..	623 ..
940	192 79	557 42	163 56	641 83	629 70
950	194 84	563 35	165 30	648 66	636 40
960	196 89	569 28	167 04	655 48	643 10
970	198 94	575 21	168 78	662 31	649 80
980	200 99	581 14	170 52	669 14	656 50
990	203 04	587 07	172 26	675 72	665 20
1000	205 10	593 ..	174 ..	682 80	669 90
1100	225 61	652 30	191 40	751 08	736 89
1200	246 12	711 60	208 80	819 36	803 88
1300	266 63	770 90	226 20	887 64	870 87
1400	287 14	830 20	243 60	955 92	937 86
1500	307 65	889 50	261 ..	1024 20	1004 85
2000	410 20	1186 ..	348 ..	1365 60	1339 80
3000	615 30	1779 ..	522 ..	2048 40	2009 70
4000	820 40	2572 ..	696 ..	2731 20	2676 60
5000	1025 50	2965 ..	870 ..	3414 ..	3349 50
6000	1230 60	3558 ..	1044 ..	4096 80	4019 40
7000	1435 70	4151 ..	1218 ..	4779 60	4689 30
8000	1640 80	4744 ..	1392 ..	5462 40	5359 20
9000	1845 90	5337 ..	1566 ..	6145 20	6029 10
10000	2051 ..	5930 ..	1740 ..	6828 ..	6699 ..

TABLE

Pour déduire des levers et couchers du Soleil, à Paris, les levers et couchers de cet astre dans toute la France.

Si la terre était plate, comme bien des personnes le croient encore, les levers et couchers du soleil, et de tous les astres en général, seraient égaux ; mais il n'en est pas ainsi ; c'est pourquoi les astronomes en ont calculé leurs corrections, à l'aide desquelles nous avons simplifié des formules, pour le soleil seulement, pour être comprises de toutes les mémoires.

La table, page 30, contient les corrections qu'il faut appliquer aux heures du lever du soleil à Paris, pour avoir les heures du lever du soleil dans les lieux compris entre 43 degrés et 51 degrés de latitude nord. Le mot *plus*, placé devant une correction, indique qu'elle doit être ajoutée au lever du soleil à Paris ; le mot *moins* indique que la correction doit être retranchée de l'heure du lever du soleil à Paris.

La correction pour l'heure du coucher est égale à celle du lever, mais de signe contraire, c'est-à-dire, que si la première doit être retranchée, la seconde doit être ajoutée, et réciproquement.

La table est calculée de dix jours en dix jours. Pour les époques intermédiaires, on calculera la partie proportionnelle.

2 *b*

Voici cinq exemples pour en montrer l'usage :

1er *Exemple*. On demande le lever et le coucher du soleil le 1er janvier 1865, à Marseille ?

La latitude de Marseille (*) est de 43 degrés 17 minutes et 4 secondes, ou en nombre rond 43 degrés ; on trouvera page 30 la correction *moins* 22 minutes, pour le 1er janvier, dans la colonne qui se rapporte à 43 degrés de latitude. On prendra dans un calendrier quelconque l'heure du lever et du coucher du soleil à Paris, pour le 1er janvier, et l'on aura :

Lever du soleil à Paris . .	7 heures 56 minutes.
Correction en moins . . .	22
Lever du soleil à Marseille .	7 heures 34 minutes.
Coucher du soleil à Paris . .	4 heures 12 minutes.
Correction en plus . . .	22
Coucher du soleil à Marseille.	4 heures 34 minutes.

2me *Exemple*. On demande le lever et le coucher du soleil le 11 avril 1865 à Aix ?

La latitude d'Aix est de 43 degrés, 31 minutes, 55 secondes, ou 44 degrés en nombre rond. C'est dans la colonne de 44 degrés, page 30, qu'on trouvera la correction plus 6 minutes pour le 11 avril. Prenant ensuite, dans un calendrier, l'heure du lever et du coucher du soleil à Paris, pour le 11 avril, on aura :

(*) Pour faciliter nos lecteurs nous donnons, page 32, un tableau des latitudes, longitudes et altitudes de quelques villes de France.

Lever du soleil à Paris . .	5 heures 19 minutes.
Correction en plus . . .	6
Lever du soleil à Aix . . .	5 heures 25 minutes.
Coucher du soleil à Paris . .	6 heures 44 minutes.
Correction en moins . . .	6
Coucher du soleil à Aix . .	6 heures 38 minutes.

3me *Exemple.* On demande le lever et le coucher du soleil le 20 juin 1865 à Arles?

La latitude d'Arles est de 43 degrés 40 minutes et 40 secondes, ou 44 degrés en nombre rond. C'est encore dans la colonne de 44 degrés, page 30, qu'on trouvera la correction plus 20 minutes pour le 20 juin. Prenant également dans un calendrier l'heure du lever et du coucher du soleil à Paris, pour le 20 juin, on aura :

Lever du soleil à Paris . .	3 heures 58 minutes.
Correction en plus. . . .	20
Lever du soleil à Arles . .	4 heures 18 minutes.
Coucher du soleil à Paris .	8 heures 5 minutes.
Correction en moins . . .	20
Coucher du soleil à Arles .	7 heures 45 minutes.

4me *Exemple.* On demande le lever et le coucher du soleil le 28 octobre 1865 à Béziers.

La latitude de Béziers est de 43 degrés 20 minutes et 31 secondes, ou 43 degrés en nombre rond. C'est dans la colonne de 43 degrés, page 30, qu'on trouvera la correction *moins* 11 minutes. Prenant dans un calendrier l'heure du lever et du coucher du soleil à **Paris**, pour le 28 octobre, on aura :

Lever du soleil à Paris . .	6 heures 42 minutes.
Correction en moins . . .	11
Lever du soleil à Béziers . .	6 heures 31 minutes.
Coucher du soleil à Paris .	4 heures 44 minutes.
Correction en plus . . .	11
Coucher du soleil à Béziers .	4 heures 55 minutes.

5me *Exemple*. On demande le lever et le coucher du soleil, le 7 mai 1865, à Dunkerque ?

La latitude de Dunkerque est de 51 degrés 2 minutes et 12 secondes, ou en nombre rond 51 degrés. C'est enfin dans la colonne de 51 degrés, page 31, qu'on trouvera les corrections.

On trouve 6 minutes le premier mai et 8 minutes le 11 ; la différence est 2 minutes, ou 120 secondes en dix jours, soit 12 secondes par jour. On aura donc proportionnellement :

Le 1er mai d'abord		6 minutes « « secondes.		
2 «	plus 12 secondes	6	12	«
3 «	12	6	24	«
4 «	12	6	36	«
5 «	12	6	48	«
6 «	12	7	0	«
7 «	12 jour déterminé	7	12	«
8 «	12	7	24	«
9 «	12	7	36	«

10	«	12	7	48	«
11	«	12	8	0	«

Lever du soleil à Paris	4 heures 32 minutes.
Correction proportionnelle en moins	7 m. 12 ss.
Lever du soleil à Dunkerque	4 heures 24 m. 48 ss.

Coucher du soleil à Paris	7 heures 22 m. 00 ss.
Correction proportionnelle en plus	7 m. 12 ss.
Coucher du soleil à Dunkerque	7 heures 29 m. 12 ss.

Nous devons faire remarquer au lecteur que l'heure se composant de 60 minutes, la minute de 60 secondes, etc., on opérera en conséquence.

Table des Corrections

Pour les Levers et les Couchers du Soleil en France.

ÉPOQUES.	43 DEGRÉS.	44 DEGRÉS.	45 DEGRÉS.	46 DEGRÉS.	47 DEGRÉS.
Janvier. 1	moins 22m.	moins 19m.	moins 15m.	moins 12m.	moins 8m.
11	21	18	14	11	7
21	18	16	13	10	6
31	15	13	10	8	5
Février. 10	12	10	8	6	4
20	9	8	6	5	3
Mars... 2	6	5	4	3	2
12	moins 2	moins 2	moins 2	moins 1	moins 1
22	plus 1	plus 1	0	0	0
Avril .. 1	4	3	plus 2	plus 2	plus 1
11	7	6	5	4	2
21	11	9	7	6	4
Mai.... 1	14	12	9	7	5
11	17	14	11	9	6
21	20	16	13	10	7
31	22	18	15	11	8
Juin... 10	23	20	16	12	8
20	24	20	17	13	8
30	23	20	16	12	8
Juillet.. 10	22	19	15	11	7
20	21	18	14	10	6
30	18	15	12	9	5
Août... 9	15	13	10	8	4
19	12	10	8	6	3
29	8	7	6	4	2
Septem. 8	5	5	4	3	1
18	plus 2	plus 2	plus 1	plus 1	plus 0
28	moins 1	moins 1	moins 1	moins 1	0
Octobre 8	5	4	3	3	moins 2
18	8	7	6	4	3
28	11	9	8	6	4
Novemb 7	14	12	10	7	5
17	17	15	12	9	6
27	20	17	14	10	7
Décemb. 7	22	19	15	11	8
17	23	20	16	12	8
27	25	20	16	15	8

Suite de la Table des Corrections.

ÉPOQUES.	48 DEGRÉS.	49 DEGRÉS.	50 DEGRÉS.	51 DEGRÉS.
Janvier. 1	moins 4m.	plus 1m.	plus 5m.	plus 10m.
11	3	1	5	9
21	3	0	4	8
31	2	0	3	6
Février. 10	2	0	2	5
20	2	0	1	4
Mars... 2	moins 1	0	plus 0	2
12	0	0	0	plus 1
22	0	0	0	moins 1
Avril.. 1	0	0	moins 1	2
11	plus 1	0	2	3
21	2	0	3	5
Mai.... 1	2	0	3	6
11	3	0	4	8
21	3	moins 1	5	9
31	3	1	5	10
Juin ... 10	4	1	6	11
20	4	1	6	12
30	4	1	6	11
Juillet.. 10	3	1	5	10
20	3	1	5	9
30	3	moins 1	4	8
Août... 9	2	0	3	7
19	2	0	3	5
29	1	0	2	4
Septem. 8	plus 1	0	moins 1	2
18	0	0	0	moins 1
28	0	0	0	0
Octobre 8	0	0	plus 1	plus 2
18	moins 1	0	2	3
28	2	0	2	5
Novemb. 7	2	0	3	6
17	3	0	4	7
27	3	0	4	8
Décemb. 7	4	0	5	9
17	4	plus 1	5	10
27	4	1	5	10

TABLEAU des Latitudes, Longitudes et Altitudes de quelques Villes de France. (*)

VILLES.	LATITUDE	LONGITUDE	ALTITUDES OU SOLS des Méridiens au-dessus de la mer	
	degr. m.	degr. m.		
Aigues-Mortes ...	43 34	1 51 E	Tour de Constance	1 mèt.
Aix............	43 51	3 6 E	Clocher de la Cathédrale	205
Alais	44 7	1 44 E	Clocher	168
Arles	43 40	2 17 E	Tour des Arènes	17
Avignon	43 57	2 28 E	Télégraphe	55
Béziers.	43 20	0 52 E	Cathédrale	70
Bordeaux.......	44 50	2 54 O	Saint-André	7
Brest	48 23	6 49 O	Observatoire	41
Camargue (la)...	44 20	2 20 E	Phare de Faramon	
Carpentras	43 3	2 42 E	Grosse Tour	102
Chalons-sur-Saône	46 46	2 51 E	Saint-Pierre	178
Cognac.........	45 41	2 59 E		51
Dijon	47 19	2 44 E	Sainte-Bénigne	246
Draguignan......	43 52	4 7 E	Horloge	216
Dunkerque......	51 2	0 2 E	La Tour	8
Etienne (Saint)...	45 26	2 3 E	Clocher de l'Hôpital	540
Forcalquier	43 57	3 26 E	Grosse Tour	550
Gap	44 33	3 44 E		782
Grenoble	45 11	3 23 E	Clocher Saint-Joseph	213
Hàvre (le)	49 29	2 13 O	Clocher	5
Lodève.........	43 43	0 58 E	Tour-Cathédrale	175
Lyon	45 45	2 29 E	N.-D. des Fourv.	295
Macon	46 18	2 29 E	Saint-Vincent	184
Maries (les Saintes)	43 57	2 5 E	Clocher	
Marseille........	43 17	3 2 E	Observatoire	29
Metz..........	49 7	3 50 E	Flèche de la Cathédrale	177
Montpellier......	43 36	1 52 E	N.-D. clocher	44
Nimes.........	43 50	2 0 E	Tour Magne	114
Orange.........	44 8	2 28 E	Télégraphe	105
Paris	48 50	0 0 E	Observatoire	59
Strasbourg......	48 34	5 24 E	Flèche Cathédrale	144
Toulon.........	43 7	3 55 E	Clocher ancienne cathé.	4
Toulouse	43 36	0 55 E	Observatoire	192
Uzès..........	44 0	2 04 E	Tour de l'Horloge	158

(*) Dans ce tableau on a pris pour premier Méridien celui de Paris.

VILLES.	LATITUDE	LONGITUDE	ALTITUDES OU SOLS des Méridiens au-dessus de la mer	
	degr. m.	degr. m.		
Valence	44 56	2 53 E	Tour Saint-Jean	128 mèt.
Ventoux (Mont)..	44 10	2 56 E	B. A. Sommet	1909
Versailles	48 47	0 12 O	Saint-Louis	123
Vienne....	45 31	2 52 E	Face ouest Eglise	150
Vigan (le)......	43 59	1 16 E	La Tour Carrée	250
Carcassonne	43 12	0 00 E	Tour Saint-Vincent	104
Rodez......:....	44 21	0 14 E	Tour Notre-Dame	632
Rochelle (la)....	46 9	3 29 O	Tour de la Lanterne	8
Besançon	47 13	3 41 E	Clocher de la Citadelle	367
Montélimart	44 33	2 24 E	Tour Carrée	65
Nantes	47 12	3 54 O	Tour de Launay	12
Orléans.........	47 54	0 25 O	Clocher Sainte-Croix	116
Nancy..........	48 41	3 51 O	Clocher	200
Lille..........	50 38	0 43 E	Lanterne de la Madeleine	24
Boulogne	50 43	0 43 O	Tour de la Ville Haute	58
Pau	43 17	2 42 O	Tour du Château	207
Perpignan.......	42 11	0 53 E	Clocher de la Citadelle	60
Rouen	49 26	1 14 O	Flèche de la Cathédrale	22

FORMULES

DIVERSES ET FACILES,

Géométriques ou Empiriques,

Pour apprendre, soi-même, les procédés pour mesurer une CUVE *, un* TONNEAU, FOUDRE *ou autres vaisseaux carrés, circulaires, cylindriques, en un mot, de toutes dimensions ; suivies de la Conversion des mètres cubes en kilolitres, hectolitres, décalitres et litres.*

Depuis la publication de nos premiers ouvrages, nous avons été invité, par beaucoup de propriétaires et de tonnelliers, et surtout depuis la cherté des vins, à utiliser notre *burin*, en reproduisant des figures et des formules propres à démontrer les procédés à l'aide desquels on me-

sure les vaisseaux destinés à contenir les liquides ; c'est ce
que nous nous proposons de faire ci-après.

Formules Géométriques.

PREMIÈRE FORMULE

Pour une Cuve carrée en maçonnerie.

Figure 1re.

4 mètres.

3 mètres.

3 mètres.

4 mètres.

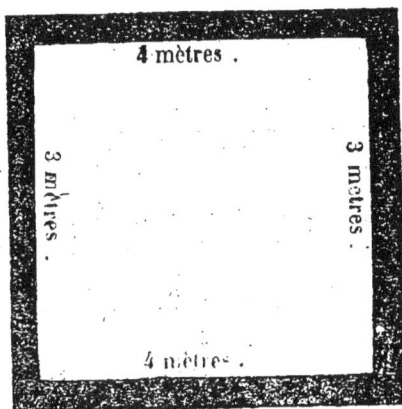

Après avoir mesuré avec soin, et sur divers points,
(et bien entendu à l'intérieur) ; multipliez la longueur 4
mètres, par la largeur 3 mètres, vous aurez 12 mètres
de surface. Multipliez ensuite ces 12 mètres de surface
par la profondeur, que nous supposons de 3 mètres, et
vous obtiendrez ainsi 36 mètres cubes ou 36 kilolitres,
pour la capacité de cette cuve.

Nous devons faire remarquer que le *mètre* cube n'est
autre chose que le *kilolitre*, ou mille litres. On dit *kilolitre*

au lieu de *mètre* cube , quand on mesure des grains , des liquides et des houilles.

Le kilolitre contenant mille litres , soit 10 hectolitres , nous aurons donc 36 à multiplier par 10 , dont le produit sera 360 hectolitres.

Maintenant , il faut déduire le tiers de ce produit qui est 120 hectolitres , pour le marc , sans grappe , ainsi que cela est admis par l'usage , et il reste , pour le vin , 240 hectolitres.

DEUXIÈME FORMULE

Pour une Cuve carrée , également en maçonnerie.

Figure 2.

Dans la première formule, nous avons supposé les dimensions en nombre rond, pour rendre l'opération plus facile et plus compréhensible. Dans celle-ci, nous ajoutons des centimètres; car nous avons remarqué que beaucoup de personnes ont l'habitude de ne placer qu'un chiffre aux centimètres, lorsque ces derniers sont au-dessous de dix. Or, c'est là une erreur des plus graves : il faut toujours deux chiffres aux centimètres.

L'opération est la même que la précédente. On multiplie la longueur 4,08 centimètres, par la largeur 3,05 centimètres, et on a 12,44 centimètres de surface. On multiplie ensuite ces 12,44 centimètres de surface, par la profondeur, que nous supposons de 2,95 centimètres, et on obtient ainsi, pour la capacité de cette cuve, 36 mètres 698 millimètres cubes, ou soit **36 kilolitres, 6 hectolitres, 9 décalitres et 8 litres.**

Pour rendre cette conversion plus claire, disons : 366 hectolitres et 98 litres.

Cela fait, il faut de 366 hectolitres et 98 litres, déduire le tiers pour le marc, soit **122 hectolitres 32 litres,** et il reste, pour le vin, **244 hectolitres 66 litres.**

TROISIÈME FORMULE

Pour une Cuve cylindrique en bois , le diamètre
supérieur étant égal au diamètre inférieur.

Figure 7.

A.

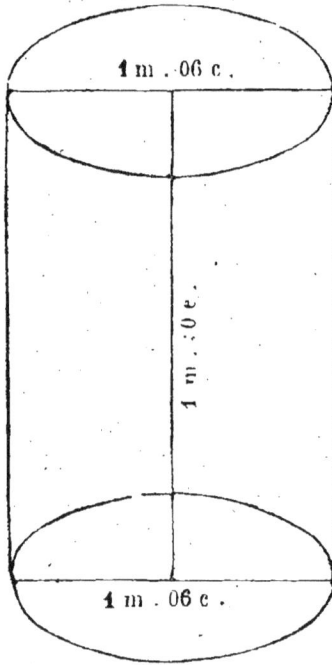

1 m . 06 c .

1 m . 0 c .

1 m . 06 c .

B.

Nous commençons par cette Cuve régulière pour nous faire comprendre plus aisément du lecteur , même de celui qui n'a pas trop de goût pour les chiffres et pour la géométrie.

Après avoir mesuré le diamètre supérieur en A , et le

diamètre inférieur en B (celui du fond), que nous supposons de 1,06 centimètres, il nous est indispensable de connaître la circonférence. Nous suivrons donc la formule des anciens géomètres, le rapport de 7 à 22, qui signifie, qu'un cercle qui aurait 7 mètres de diamètre, aurait approximativement 22 mètres de circonférence. Si donc, on a quelques notions d'arithmétique, on arrivera facilement à connaître la mesure exacte d'une circonférence quelconque, par la règle de trois suivante : si 7 mètres de diamètre donnent 22 de circonférence, combien donneront 14 mètres de diamètre. Évidemment le diamètre 14 étant le double du diamètre 7, il en sera de même de la circonférence, qui mesurera, par conséquent, 44 mètres.

Cette formule ne saurait être employée que par les personnes qui possèdent une certaine instruction. Comme malheureusement il n'en est pas ainsi de tout le monde, nous allons en faire connaître une autre plus simple : multipliez le diamètre 3,143, résultat de 22 divisés par 7, et vous obtiendrez sa circonférence. En effet, en multipliant 3,143 par 7, vous avez un produit de 22,001, ou soit 22 de circonférence, en négligeant les trois autres chiffres.

Le résultat est encore plus exact, si on multiplie 3,143, par le diamètre 14 de la règle de trois ci-dessus. On obtiendra dans ce cas, très-exactement, 44, mesure de la circonférence.

D'après ces données, revenons à la figure 3.

En multipliant 1,06 centimètres de diamètre par 3,143, nous obtiendrons 3 mètres 33 centimètres pour sa circonférence. En multipliant cette circonférence par 1,06 centimètres de ce même diamètre, on a 3,52 centimètres pour la surface du cercle, dont le quart est de 0,88 centimètres pour sa surface réelle. Cette surface multipliée par la hauteur 1,50 centimètres donnera pour le cube, 1,320 millimètres, soit 13 hectolitres et 20 litres.

Le tiers à déduire pour le marc est de 4 hectolitres 40 litres; et il reste, pour le vin, 8 hectolitres 80 litres.

QUATRIÈME FORMULE

Pour une Cuve circulaire en bois, de forme ordinaire.

Figure 4.

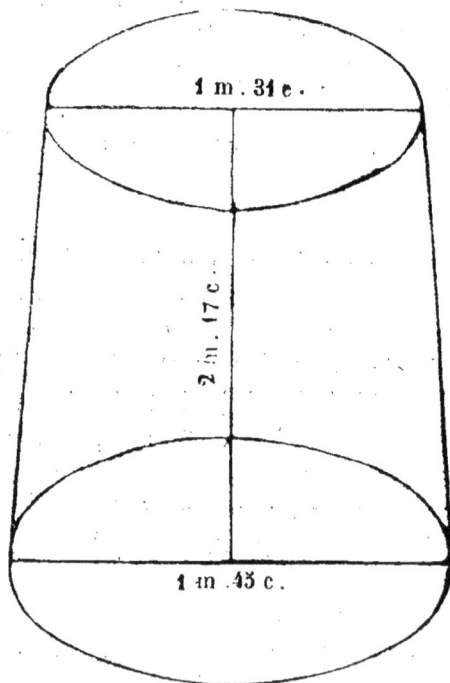

1 m. 31 c.

2 m. 17 c.

1 m. 45 c.

Il faut, en premier lieu, déterminer le diamètre moyen par l'addition suivante : 1,31 centimètres du diamètre supérieur, plus 1,45 centimètres du diamètre inférieur, donnent en tout 2,76 centimètres dont la moitié, pour le diamètre moyen, est de 1,38 centimètres.

Le diamètre moyen étant ainsi connu, nous allons suivre la même méthode que dans la troisième formule, c'est-à-dire, multiplier ce diamètre 1,38 centimètres par 3,143, nous obtiendrons ainsi 4,33 centimètres pour la circonférence. Puis cette circonférence multipliée par ce même diamètre 1,38 centimètres, nous aurons 5,97 centimètres de surface ; dont le quart est de 1,49 centimètres pour la surface réelle. Cette surface réelle multipliée par la hauteur 2,17 centimètres, nous aurons enfin 3,233 millimètres, soit 32 hectolitres et 33 litres, pour la capacité de la cuve.

Le tiers à déduire, pour le marc, est de 10 hectolitres et 77 litres ; et il reste, pour le vin, 21 hectolitres 56 litres.

FORMULE EMPIRIQUE
Relative à la Figure 3.

Multipliez 1,06 centimètres du diamètre supérieur par le diamètre inférieur 1,06 centimètres, et vous aurez 1,12 centimètres qui multipliés par la hauteur 1,50 centimètres, vous donneront 1,68 centimètres. Ce dernier nombre multiplié par 8, chiffre commun, vous aurez 1,344 millimètres, ou soit 13 hectolitres 44 litres, en négligeant les autres décimales.

Le tiers à déduire, pour le marc, est de 4 hectolitres 48 litres, et il reste, pour le vin, 8 hectolitres 96 litres.

3 b

AUTRE FORMULE EMPIRIQUE
Relative à la Figure 4.

Multipliez 1,31 centimètres du diamètre supérieur, par 1,45 centimètres du diamètre inférieur, vous aurez 1,89 centimètres qui, multipliés par la hauteur 2,17 centimètres, doivent vous donner 4,10 centimètres. Ce dernier nombre multiplié par le chiffre commun 8, vous donnera 3,280 millimètres, ou soit 32 hectolitres 80 litres.

Le tiers à déduire, pour le marc, est de 10 hecto. 93 litres, il reste, pour le vin, 21 hecto. 87 litres.

Nota. — Nous engageons les acheteurs et les fabricants à suivre cette dernière méthode, comme étant plus facile, plus expéditive, bien qu'elle donne une capacité supérieure, mais de peu d'importance, sur les méthodes géométriques. On peut tenir compte de cette différence, ainsi qu'on peut s'en convaincre, en comparant les formules que nous donnons ci-après, pour faciliter les personnes qui possèdent peu de notions d'arithmétique; elles pourront se familiariser avec elles.

FORMULES

Calculées avec les dimensions déterminées, de 10 en 10 centimètres, pour Cuves *circulaires ordinaires.*

1° Une *Cuve* de 1 mètre de diamètre moyen, c'est-à-dire, 0,95 centimètres de diamètre à l'ouverture, 1,05 centimètres au fond, sur une hauteur de 1,40 centimètres, contenant 1,117 millimètres, ou soit 11 hectolitres 17 litres, et déduction faite du tiers pour le marc, il reste

	hecto.	litres.
net pour le vin, ci	7	45

Une pareille Cuve mesurée géométrique—ment produit net pour le vin, ci

	7	33

2o Une autre *Cuve* de 1,10 centimètres de diamètre moyen, 1,05 centimètres à l'ouverture, 1,15 centimètres au fond, 1,50 centimètres de hauteur, contenant 1,440 millim., ou soit 14 hectolitres 40 litres, et déduction faite du tiers pour le marc, il reste net pour le vin, ci

	9	60

Une pareille Cuve mesurée géométrique-ment produit net pour le vin, ci

	9	49

3o Autre *Cuve* de 1,20 centimètres de dia-mètre moyen, 1,15 cent. à l'ouverture, 1,25 cent. au fond, 1,60 cent. de hauteur, conte-nant 1,830 millim., ou soit 18 hecto. 30 litres, et déduction faite du tiers pour le marc, il reste net pour le vin, ci

	12	20

Une pareille Cuve mesurée géométrique-ment produit net pour le vin, ci

	12	05

4o Autre *Cuve* de 1,30 cent. de diamètre moyen, 1,24 cent. à l'ouverture, 1,36 cent. au fond, 1,70 cent. de hauteur, contenant 2,284 millim., ou soit 22 hecto. 84 litres, et déduction faite du tiers pour le marc, il reste net pour le vin, ci

	15	23

Une pareille Cuve mesurée géométrique-ment produit net pour le vin, ci

	15	05

5º Autre *Cuve* de 1,40 cent. de diamètre hecto. litres.
moyen., 1,34 cent. à l'ouverture, 1,46 cent.
au fond, 1,80 cent. de hauteur, contenant
2,808 millim., ou soit 28 hecto. 08 litres, et
déduction faite du tiers pour le marc, il reste
net pour le vin, ci   18   72

Une pareille Cuve mesurée géométrique-
ment produit net pour le vin, ci .   18   48

6º Autre *Cuve* de 1,50 cent. de diamètre
moyen, 1,44 cent. à l'ouverture, 1,56 cent.
au fond, 1,90 cent. de hauteur, contenant
3,404 millim., ou soit 34 hecto. 04 litres, et
déduction faite du tiers pour le marc, il reste
net pour le vin, ci   22   70

Une pareille Cuve mesurée géométrique-
ment produit net pour le vin, ci   22   29

7º Autre *Cuve* de 1,60 cent. de diamètre
commun, 1,52 cent. à l'ouverture, 1,68 cent.
au fond, 2 mètres de hauteur, contenant
4,080 millim., ou soit 40 hecto. 80 litres, et
déduction faite du tiers pour le marc, il reste
net pour le vin, ci   27   20

Une pareille Cuve mesurée géométrique-
ment produit net pour le vin, ci   26   67

8º Autre *Cuve* de 1,70 cent. de diamètre
moyen, 1,58 cent. à l'ouverture, 1,82 cent.
au fond, 2,05 cent. de hauteur, contenant
4,704 millim., ou soit 47 hecto. 04 litres, et
déduction faite du tiers pour le marc, il reste
net pour le vin, ci   31   36

	hecto.	litres.
Une pareille Cuve mesurée géométrique- *ment produit net pour le vin , ci*	31	02

9° Autre *Cuve* de 1,80 cent. de diamètre
moyen , 1,66 cent. à l'ouverture , 1,94 cent.
au fond , 2,10 cent. de hauteur, contenant
5,410 millim. , ou soit 54 hecto. 10 litres , et
déduction faite du tiers pour le marc ; il reste
net pour le vin , ci   36   07

Une pareille Cuve mesurée géométrique-
ment produit net pour le vin, ci   35   56

10° Autre *Cuve* de 1,90 cent. de diamètre
moyen , 1,74 cent. à l'ouverture , 2,06 cent.
au fond , 2,15 cent. de hauteur , contenant
6,152 millim. , ou soit 61 hecto. 52 litres , et
déduction faite du tiers pour le marc , il reste
net pour le vin , ci   41   02

Une pareille Cuve mesurée géométrique-
ment produit net pour le vin, ci   40   56

11° Autre *Cuve* de 2 mètres de diamètre
moyen , 1,84 cent. à l'ouverture , 2,16 cent.
au fond , 2,20 cent. de hauteur , contenant
6,984 millim. , ou soit 69 hecto. 84 litres , et
déduction faite du tiers pour le marc , il reste
net pour le vin , ci   46   56

Une pareille Cuve mesurée géométrique-
ment produit net pour le vin , ci   46   10

FORMULE

Pour un Tonneau ou pour un Foudre.

Figure 5.

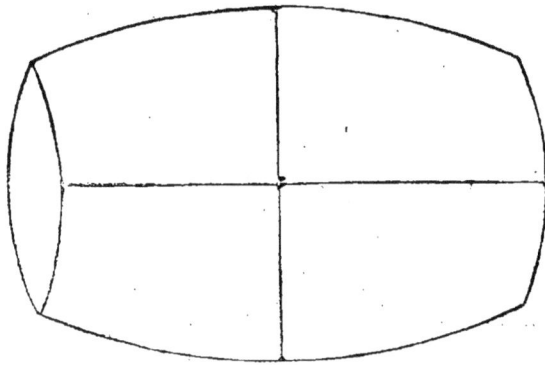

La méthode pour mesurer un **Tonneau** est la même que pour mesurer un **Foudre** qui n'est autre chose qu'un grand tonneau ; mais elle diffère de celles des *Cuves*, par rapport aux *douves* qui forment un renflement appelé *bouge*. On nomme diamètre du bouge le plus grand diamètre qui correspond à la *bonde*, ouverture par laquelle on remplit le tonneau.

Supposons, par exemple, un tonneau dont la longueur intérieure serait de 1,40 cent., le diamètre du bouge 1 mètre, et le diamètre moyen des fonds 0,80 cent. Il faut doubler le diamètre du bouge 1 mètre, et on a 2 mètres ; et à ce double diamètre il faut ajouter le diamètre moyen des fonds ; on obtient ainsi 2,80 cent. Ensuite, divisant 2,80 cent. par 6 (chiffre commun par rapport au renflement), on aura 0,466 pour quotient ; ce quotient 0,466 multiplié par lui-même, donnera, en négligeant les autres décimales, le nombre 0,2171.

Multipliant ensuite 0,2171 par 3,143, on obtiendra 0,6823. Ce dernier nombre multiplié par la longueur du tonneau 1,40 cent. donnera, lui-même, 0,955 pour la capacité du tonneau, ou soit 955 litres, ou mieux 9 hectolitres 55 litres.

Nous craignons que cette méthode, par sa longueur, ne soit point à la portée de toutes les mémoires. On peut la simplifier en mesurant un *tonneau* ou *foudre* en deux parties; c'est-à-dire, comme deux cuves renversées ; mais dans ce cas le résultat ne serait qu'approximatif par suite du renflement.

On se sert également, pour reconnaître la capacité d'un tonneau, d'une baguette en fer divisée sur sa longueur. Cette baguette nommée *Jauge*, est introduite obliquement par la bonde ; on l'enfonce jusqu'à l'angle formé par le fond et les douves, et les divisions de la baguette donnent la contenance du tonneau en litres.

Comme il pourrait arriver que la bonde ne fût pas placée très-exactement au milieu du tonneau, on enfonce la jauge à droite et à gauche. Si le résultat est le même, la mesure est exacte ; s'il est différent, on ajoute les deux résultats, et l'on prend la moitié.

Il est des jauges aujourd'hui qui mesurent jusqu'à 1,000 litres (10 hectolitres.)

MÉTHODE

THÉORIQUE ET PRATIQUE , ET FORMULES DIVERSES

Pour mesurer les Bois de Menuiserie, Tonnellerie, etc. , contenant la manière de procéder pour les réductions des bois viciés ; suivie de celle de mesurer les surfaces de Maçonnerie , Plâtrerie , Carrelage , Pavage , Peinture , Vitrerie , etc.

Ces bois se mesurent au mètre carré.

L'usage du commerce a déterminé les longueurs de 10 en 10 centimètres. En général , ils se mesurent selon leurs épaisseurs.

Mais les bois de menuiserie, d'ébénisterie, des tourneurs, des fabricants de chaises ou fauteuils se divisent en plusieurs catégories : 1º les panneaux variant de 4 à 12 millimètres d'épaisseur ; 2º les bois d'un pouce (27 millim.) 3º de 2 pouces (54 millim.) ; 4º de 3 pouces (81 millim.); 5º de 4 pouces (108 millim.); 6º de 5 pouces (135 mill.); 7º de 6 pouces (162 millim.); et quelquefois de 8 pouces (22 centimètres.)

Les panneaux se mesurent isolément , parce qu'ils forment toujours un prix particulier. Quant aux autres bois , on les mesure sur la base de 2 pouces francs (54 millim.) Ainsi, une planche de 2 pouces (54 millim.), par exemple, se mesure une seule fois et du côté des flaches ou du côté le plus étroit ; une planche de 3 pouces (81 millim.), une fois et demie : la demie doit être prise aussi du côté des flaches ; une planche de 4 pouces (108 millim.), une fois de chaque côté ; une planche de 5 pouces (135 millim.), deux fois et demie, dont deux fois d'un côté, et la demie, (bien entendu encore du côté des flaches) ; une planche de 6 pouces (162 millim.), trois fois, dont deux fois d'un côté et une fois de l'autre ; ainsi de suite.

Les bois d'un pouce (27 milli.), de 15 lignes (33 milli.), de 18 lignes (4 centimètres) d'épaisseur, se mesurent une seule fois toujours du côté des flaches.

Il arrive souvent que les vendeurs et les acheteurs conviennent du prix de chaque épaisseur ; dans le cas contraire, l'usage admet dans le commerce qu'on paie les deux tiers du mètre de celles de 27 et de 33 millim. , les trois quarts du mètre de celles de 4 centimètres au prix convenu de celle de 2 pouces (54 millimètres), qui sert généralement de base.

On doit chercher absolument le parallélisme de la pièce qu'on mesure, c'est-à-dire que les parties saillantes propres à être employées , compensent les parties rentrantes ; et si la pièce a quelques défauts (voyez page 56), chose essentielle à constater, elle doit subir des réductions , en prenant pour base les fractions *un quart, un tiers, une demie, un cinquième, un dixième*, etc. , de largeur sur la pièce, selon le jugement du mesureur.

Quand une pièce est roulée , gélive ou fendue irrégulièrement , il faut avoir soin de mesurer séparément toutes les parties qui peuvent en être utilisées. Il est parfois des planches d'une belle largeur et qui perdent beaucoup.

Pour les pièces fendues régulièrement on ne réduit rien,

4

on se contente de les mesurer en autant de parties que le cas l'exige.

À l'égard de celles qui sont atteintes de piqûres, pourritures, gouttières, chancres, abreuveurs ou autres vices, il faut réduire selon les fractions que nous indiquons ci-dessus.

On mesure une ou plusieurs planches à l'aide d'un *passement* de 10 mètres qu'on vérifie souvent, appelé *cordeau*, le moins élastique possible, avec lequel on prend plusieurs largeurs partielles qui se réduisent en une seule, laquelle multipliée par la longueur que l'on a déjà mesurée avec une règle de 1 mètre, donne la surface. Par exemple, quel est le métré ou soit la surface d'une épaisseur quelconque qui aurait 2,10 cent. de longueur, et 52 cent. de largeur ?

OPÉRATION.

Multipliez la longueur	2,10
Par la largeur	52
	420
	1050
Surface ou métré	1,09,20

Réponse : Le métré de la pièce est 1 mètre 09 centim. en retranchant les deux derniers chiffres vers la droite, parce qu'on se contente des centimètres.

AUTRE EXEMPLE.

On demande la surface de 20 planches de différentes épaisseurs de 2,10 cent. de longueur, et produisant ensemble, d'après le cordeau, 8,45 cent. de largeur ?

OPÉRATION.

Multipliez la longueur	2,10
Par la largeur	8,45
	1050
	840
	1680
Surface ou métré	17,74,50

Réponse : Le métré de ces 20 planches est de 17 mètres 74 centimètres, en négligeant les deux autres décimales.

Nous ferons remarquer en passant que lorsque le nombre de centimètres ne dépasse pas dix, beaucoup de personnes commettent en écrivant l'erreur que voici : au lieu d'écrire, par exemple, 4,01 centimètres, 4,02 centimètres, 4,03 centimètres, 4,04 centimètres, 4,05 centimètres, 4,06 centimètres, 4,07 centimètres, 4,08 centimètres, 4,09 centimètres, elles écrivent 4,1 centimètres, 4,2 cent., 4,3 cent., 4,4 cent., 4,5 cent., 4,6 cent, 4,7 cent., 4,8 cent., 4,9 cent., ce qui est une erreur très-grave ; car au lieu d'écrire des centimètres, elles écrivent des décimètres, nombre dix fois plus grand. Pour éviter cette erreur, il faut donc, comme on le voit, deux chiffres aux centimètres.

EXEMPLE.

Supposons une planche de 2,10 centimètres de longueur, et 1,04 centimètres de largeur, dont on veut connaître la surface.

OPÉRATION.

Multipliez la longueur	2,10
Par la largeur	1,04
	840
	210
Surface ou métré	2,18,40

Après avoir multiplié 4 des unités de la largeur, par le zéro des unités de la longueur, on a au produit zéro tout simplement, que l'on pose à son gré, et les autres chiffres posés à la gauche comme d'ordinaire. Ensuite on passe aux dizaines de la largeur représentées par un zéro aussi. Si ce zéro embarrasse, on pose un point sous le 4, dizaine du produit 840, et on passe ensuite aux centaines de la largeur. Enfin, règle générale, dans une multiplication quelconque, on pose le produit des dizaines sous les dizaines, celui des centaines sous les centaines, ainsi de suite. Par ce moyen, on peut sans peine effectuer une multiplication, quel que soit le nombre de zéros au multiplicateur, en leur suppléant un point. Conséquemment on a pour le métré de la planche 2,18 centimètres, en négligeant les autres décimales.

En établissant les chiffres de la sorte, comme la règle le prescrit, on peut obtenir une surface de maçonnerie, carrelage, pavage, plâtrerie, peinture, vitrerie, etc.

Nota. En multipliant le produit d'une longueur par une largeur, une épaisseur ou profondeur, on obtient le cube d'un corps régulier.

Pour le fer, la fonte, le cuivre et autres métaux, il faut mesurer jusquaux millimètres en suivant la même règle.

MANIÈRE

D'obtenir le cube d'une pièce de bois ronde, carrée, plate et en grume, avec plusieurs formules ; suivie d'une explication complète des défauts des bois, et de leurs réductions, d'après les usages du Commerce.

Les bois de sapin qu'on emploie pour les charpentes, constructions navales et édifices divers, se divisent en trois séries : 1° les *petits bois* de 1 mètre ou 100 centimètres de circonférence et au-dessous ; 2° les *bois moyens* de 102 à 130 centimètres inclusivement ; 3° et les *gros bois* de 132 centimètres compris et au-dessus. Chaque série forme ordinairement un prix.

On mesure ces bois au mètre cube qu'on nomme *stère*.

L'usage du commerce a déterminé les longueurs de 20 en 20 centimètres, et les circonférences, par nombre pair de 2 en 2 centimètres. Ainsi, par exemple, soit une pièce qui aurait 28 centimètres de circonférence dont on prend, règle générale, le quart qui est 7 centimètres, l'on dit : 7 et 7, c'est-à-dire, 7 centimètres de largeur et 7 centimètres de hauteur ; soit de 30 centimètres, l'on dit : 7 et 8 pour ne pas avoir de fractions, soit de 32 centimètres, l'on dit ; 8 et 8 ; soit de 34 centimètres, l'on dit : 8 et 9 ; soit de 36 centimètres, l'on dit : 9 et 9 ; soit enfin de 40 centimètres, et l'on dit : 10 et 10, ainsi de suite.

Qu'une pièce de bois soit ronde ou carrée, mesurez-en la longueur avec un mètre ou un compas, comme cela se pratique ordinairement; déterminez le milieu où vous en inscrirez les dimensions; prenez ensuite la circonférence sur ce milieu, à l'aide d'une ficelle, et par nombre pair de 2 en 2 centimètres, comme nous disons ci-dessus, nombre que l'on reconnaît sur une règle graduée à cet effet : puis prenez le quart de cette circonférence que vous multipliez par lui-même, et le produit, multiplié par la longueur, vous donnera le cube.

EXEMPLE.

Supposons une pièce de 9 mètres 60 centimètres de longueur, et 1 mètre 68 centimètres de circonférence, dont le quart est de 42 centimètres.

OPÉRATION.

Multipliez	42
Par	42
	84
	168
Produit	1764
Par la longueur	9,60
	10584
	15876
Cube	1,69,3440

Le cube de la pièce est 1 stère 69 centistères, ou 1 mètre 69 centimètres, en retranchant les quatre derniers chiffres vers la droite, parce qu'on se contente ordinairement des centistères ou centimètres.

Il faut observer que si le premier des chiffres supprimés excédait 5, il faudrait augmenter d'une unité le chiffre qui le précèderait.

AUTRE EXEMPLE.

Supposons encore la même longueur, 9 mètres 60 centimètres, et la circonférence de 1 mètre 70 centimètres, dont le quart est de 42 centimètres et demi. Pour éviter des fractions on écrit 42 et 43.

OPÉRATION.

Multipliez	42
Par	43
	126
	168
Produit	1806
Par la longueur	9,60
	10836
	16254
Cube	1,73,3760

Le cube est 1 stère 73 centistères, négligeant les quatre autres chiffres.

Cette règle est géométrique pour les pièces carrées, mais

elle ne l'est pas pour les pièces rondes, bien qu'on les mesure de même ; l'usage du commerce le veut ainsi.

Les formules que nous donnons pour les bois carrés ou ronds s'appliquent en même temps au chêne, à l'ormeau, à l'aube, au platane, etc.

Nous engageons les personnes qui ne sauraient effectuer cette opération, à se pourvoir d'un tarif qu'on trouve chez tous les libraires.

Explication claire et succincte des défauts des Bois et de leurs réductions.

Les bois sont quelquefois atteints de certains défauts qui nécessitent des réductions.

Ces défauts sont :

1º Les fentes irrégulières occasionnées par des ruptures.

2º Les piqûres, par les vers.

3º Le pourri, par des gouttières où l'eau s'infiltre.

4º La gouttière, par le dessèchement ou la pourriture d'une ou plusieurs branches à la cîme.

5º La grisette, reconnaissable à des trous semblables à ceux d'une éponge.

6º Le chancre, d'où s'écoule une liqueur roussâtre, âcre et corrompue, ayant pour cause une contusion ou un coup de soleil.

7º La roulure, attribuée aux efforts des vents qui tourmentent et plient les jeunes tiges en tous sens, dans le temps de sève, au point d'en disjoindre les couches ligneuses, ou bien la neige, ou à des blessures quelconques.

8° L'abreuvoir, provenant des branches fracassées par les vents, ou ployées sous le poids du givre ou de la neige.

9° La gélivure, due à l'effet de la gelée sur les troncs des arbres.

Les réductions sont :

1° Pour la petite piqûre, 4 centimètres sur la circonférence, et pour la grosse 6 cent.; c'est le *minimum;* on va jusqu'à 8, 10, 12 et plus même, selon que la pièce est piquée. Cette réduction, quelle que soit la pièce, est toujours proportionnelle.

2° Pour les autres défauts, on réduit le tiers, le quart, le cinquième, le dixième, le vingtième, etc., du cube total de la pièce, ou bien l'on dit : telle pièce doit perdre de son cube, 5, 10, 25, 50, 75 centistères, et quelquefois même un stère et même au-dessus; il arrive souvent pour les séchons, arbres morts sur pied ou sur plante, qu'on est obligé d'en réduire les trois-quarts et aux pièces roulées aussi; enfin, selon le jugement du cubeur et en établissant une circonférence qui lui soit propre.

3° Pour les parties pourries sur les bouts on affranchit au moins.

4° Pour les fentes irrégulières on compense.

5° Pour les bois avec l'écorce qu'on appelle en grume, on réduit le douzième du cube, mais il est plus rationnel de faire enlever l'écorce.

6° Il se rencontre quelquefois des pièces qui présentent des circonférences inégales, alors on les mesure en deux ou trois parties pour mieux approcher de la vérité.

7° Pour celles qui sont pointues sur l'un ou l'autre bout on compense, c'est-à-dire que les parties manquantes doivent être remplacées sur la longueur que l'on réduit. Ce cas est fréquent dans le chêne. On opère de même pour les sondes.

8° Lorsqu'une pièce est renfle ou creuse sur le milieu, ou trop à vive arête, ou avec des nœuds dans les bois équarris ou en grume, ou enfin qu'il s'y trouve des flaches, prenez plusieurs circonférences à des distances égales et la moyenne sera la plus rationnelle.

9° Lorsqu'une pièce est coupée, on doit la mesurer en autant de parties que le cas l'exige, lorsque les parties restantes sont propres à être employées.

10° Pour les bois ronds on doit mesurer jusqu'à 4 ou 5 centimètres de diamètre au petit bout, lorsque ces bois ne sont pas altérés ou calcinés, ce qui arrive souvent.

11° Pour les pièces percées directement on ne réduit rien; mais percées indirectement, les fils du bois étant entrecoupés, on réduit pour les parties rendues impropres.

12° Pour les pièces sciées obliquement et pour les coups de hâches de l'abattage, on affranchit complétement dans les sapins et autres bois, mais on compense dans les chênes.

NOTA. Les pièces plates subissent les mêmes réductions, mais on les mesure comme un cube ordinaire de maçonnerie ou de terrassement, en multipliant la longueur par la largeur, et le produit par l'épaisseur : on ne se sert pas de tarif.

1er EXEMPLE

On demande le cube d'une pièce de 8 mètres 20 centimètres de longueur, de 25 centimètres de largeur et de 5 centimètres d'épaisseur ?

OPÉRATION.

Multipliez la longueur	8,20
Par la largeur	25
	4100
	1640
Produit ou surface	20500
Par l'épaisseur	05
Cube	10,25,00

Le cube de la pièce est 10 centimètres, suppression faite des autres décimales.

2me EXEMPLE.

On demande le cube de la même pièce de 8,20 centimètres de longueur, de 25 centimètres de largeur, mais de 20 centimètres d'épaisseur ?

OPÉRATION.

Multipliez la longueur	8,20
Par la largeur	25
	4100
	1640
Produit ou surface	20500
Par l'épaisseur	20
Cube	41,00,00

Le cube de la pièce est 41 centimètres, suppression faite des autres décimales.

Ces deux exemples suffiront pour rassurer les personnes qui ne sont pas trop au courant de ces cubes.

ABRÉGÉ DE LA SPHÈRE.

De la Sphère en général.

Le mot *Sphère* signifie globe ou boule. On donne ce nom ordinairement à une machine composée de plusieurs cercles, que nous ferons connaître successivement, au milieu desquels est une petite boule qui représente la Terre. Cette machine se nomme Sphère armillaire. Elle représente le monde ou la sphère naturelle.

Le monde est l'assemblage de tous les corps que Dieu a créés, ce qui comprend toute la vaste étendue du ciel avec les astres qui s'y trouvent, et la terre qui paraît au milieu.

La terre (page 61, *figure* 6) est ronde, elle a la forme d'une orange et 9 mille lieues de tour (40 millions de mètres) et 12,727,272 mètres de diamètre. Elle est aplatie d'environ quatre lieues et demie à chaque pôle. Tous les objets qui sont à sa surface y sont retenus par une force nommée *attraction*. La terre fait tous les jours un tour sur elle-même d'Occident en Orient (du Couchant au Levant). Nous ne sentons pas ce mouvement, et il nous semble voir tourner tous les astres d'Orient en Occident.

Figure 6.

NORD

Pôle Boréal ou Arctique.

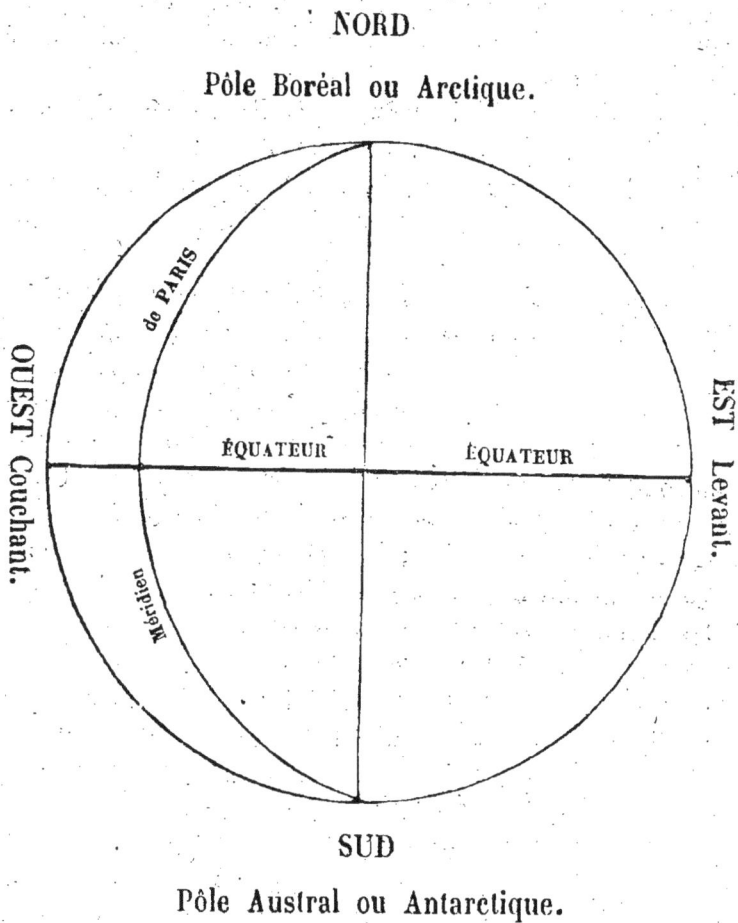

SUD

Pôle Austral ou Antarctique.

Les méridiens sont des demi-cercles qui vont d'un pôle à l'autre ; on les nomme aussi cercles des longitudes. On ne peut mieux les comparer qu'à des tranches d'oranges ou de melons. Ils se divisent en 90 parties qu'on appelle degrés de latitude Nord, à partir de l'Équateur jusqu'au pôle Nord ; et en 90 parties, ou degrés de latitude Sud, de l'Équateur au pôle Sud.

Le méridien de Paris traverse la France depuis Dunkerque jusqu'à Barcelonne. MM. Delambre et Méchin furent chargés de le mesurer ; ensuite, MM. Biot et Arago continuèrent cette expérience depuis Barcelonne jusqu'à l'île de Formentera.

La longueur du quart du méridien terrestre, qui va du pôle à l'Équateur, est de 10 millions de mètres.

L'Équateur ou ligne équinoxiale est un grand cercle dont tous les points sont distants des deux pôles et qui divise la terre en deux parties égales. Ce grand cercle se divise en 360 parties qu'on nomme degrés de longitudes et que l'on compte d'Occident en Orient ; le degré en 60 minutes : la minute en 60 secondes ; la seconde en 60 tierces, etc.

Le degré terrestre est de 111,111 mètres 11 centimètres.

La minute terrestre est de 1,851—85.

La seconde terrestre est de 30—86.

Chaque nation adopte un méridien, et il s'ensuit que lorsqu'il est midi à Paris, il est 11 heures 36 minutes à Madrid *(Espagne)*, 1 heure 52 minutes à St-Pétersbourg *(Russie)*, 9 heures 50 minutes à Philadelphie *(Amérique)*, et près de minuit à l'île de l'Antipode *(Océanie)*.

L'horizon est un grand cercle qui sert à marquer le lever et le coucher des astres Lorsqu'un astre vient sur l'horizon, il se lève : quand il va au-dessous, il se couche. Prenons le soleil pour exemple ; quand il vient sur l'horizon il se lève, et là commence le jour précédé par l'aurore, et quand il disparaît derrière, il se couche, et là commence la nuit précédée par le crépuscule.

INSTRUCTION

Pour disposer et se servir des Fig. 7 et 8, planche 1re.

Avant de disposer ces figures et de s'en servir on doit les tailler avec des ciseaux, couteaux ou canifs, en commençant par la *Figure* 7, représentant l'Équateur, et en enlevant tout autour les lettres A. Commencer vers le soleil, à la *Figure* 8 et en suivant les lignes ponctuées, à droite et à gauche, en descendant tout autour du cercle horaire, laissant les mots horizon, astres et minuit, et, en dernier lieu, enlever la partie noire entre les mots méridien et midi.

Avec ces deux figures ainsi préparées, on peut facilement connaître, dans tous les pays du monde, le lever, le coucher et la position du soleil, la partie de la terre où il fait jour et celle où il fait nuit, l'heure qu'il est dans tel lieu ou tel pays par rapport à un autre, connaissant les degrés de longitudes.

Nous ferons remarquer à nos lecteurs que ces figures représentent la sphère *droite*, c'est-à-dire que l'équateur coupe l'horizon à *angles droits*, et alors les pôles du monde sont dans l'horizon, et réciproquement les pôles de l'horizon sont dans l'équateur, ce qui a lieu aux deux équinoxes (21 mars et 22 septembre); la terre ne présentant alors aucun de ses pôles au soleil, les jours sont partout égaux aux nuits ; et par cette raison le lever du soleil a lieu à 6 heures du matin et le coucher à 6 heures du soir. Nous leur ferons connaître successivement dans les éditions suivantes et par de nouvelles figures les différentes positions de la sphère, la différence des saisons où les jours sont plus longs que les nuits et *vice versâ*.

Manière de se servir des Figures.

Nous disons que la terre est ronde, qu'elle tourne journellement sur elle-même d'Occident en Orient (du couchant au levant), et qu'une orange ou un melon roux en représentent le mieux la forme, si on fait passer par leurs extrémités plates une aiguille à tricoter ou toute autre tige de fer. Supposons, par exemple, une orange, et faites-y passer une aiguille à tricoter, et posez-la ainsi sur un verre à boire ou sur un bol. Le cercle du verre ou du bol représentera l'horizon ; l'aiguille à tricoter, l'essieu ou l'axe du monde ; les extrémités plates de l'orange en représenteront les pôles ; les bosselures, les montagnes ; les cavités, les vallons et les plaines ; les tranches, des méridiens ; la moitié inférieure de l'orange qui est dans le verre ou bol, l'hémisphère indiquant la nuit ; et la moitié supérieure, l'hémisphère indiquant le jour. Ensuite placez-vous en face du nord, et, avec la main droite, faites tourner l'orange du couchant au levant, vous obtiendrez ainsi le mouvement diurne ou journalier de la terre.

Pour connaître l'heure qu'il est dans un pays par rapport à un autre, faites passer le bout de l'aiguille par le centre

O de la *figure* représentant l'équateur, et par le même centre de la figure du cercle horaire. De la main gauche, tenez le soleil élevé, et de la main droite faites tourner l'équateur dans le même sens que l'orange, ou en d'autres termes, dans le sens des aiguilles d'une montre. Supposons encore qu'on veuille connaître l'heure qu'il est dans tous les pays du monde, quand il est midi à PARIS; mettez Paris dans le vide entre les mots méridien et midi, et serrez avec deux doigts de la main droite les deux figures; on connaîtra qu'il est midi et quelques minutes à Marseille, midi et quelques minutes à Rome, une heure et quart environ à Varsovie, une heure 40 minutes à peu près à Constantinople, 2 heures moins quelques minutes à Saint-Pétersbourg, 2 heures et quart environ à Jérusalem, 5 heures moins un quart à peu près à Goa, 5 heures et quart environ à Pondichéry, 6 heures moins quelques minutes à Chandernagor, 7 heures et demie passée, nuit par conséquent, à Pékin, 4 heures et demie environ du matin à St-Joseph *(Californie)*, 7 heures moins un quart environ à Carthagène *(Amérique)*, 7 heures et demie environ à Martinique *(Amérique)*, 8 heures et quart passée à Cayenne *(Amérique)*.

On peut aussi en mettant Paris sur minuit ou tout autre heure, connaître celle qui correspond au cercle horaire pour toutes les villes du monde.

Nous aurions voulu donner le nom de quelques villes placées au-dessous du méridien de Paris; et par conséquent marquant minuit, mais il correspond dans les mers du Grand-Océan, entre l'Asie et l'Amérique. Celui de Tobolsk *(Sibérie)* correspond à peu de chose près, à minuit, à celui de St-Joseph en Californie.

5

Comme il nous est impossible d'exprimer dans la figure de l'équateur toutes les villes du monde, bien que nous y ayons exprimé les degrés des longitudes et des latitudes de dix en dix et de cinq en cinq, nous donnons, pages 32 et 33, une table de celles qui nous paraissent les plus connues avec leurs degrés de longitudes, et d'après laquelle on déterminera, en suivant la méthode ci-dessus, tout ce que l'on désirera, en regardant l'heure qui correspond aux degrés de longitudes d'une ville.

NOTIONS DE GNOMONIQUE,

OU

L'Art de tracer des Cadrans Solaires.

Nous ne prétendons point démontrer ici les méthodes sans nombre, tant théoriques que pratiques, dans l'art de tracer des *Cadrans solaires* ; au contraire , nous serons bref , et ne donnerons qu'une méthode pour *Cadrans verticaux*, à laquelle tout le monde pourra se satisfaire.

Mais nous dirons seulement , en passant , que toutes les difficultés qui se rencontrent dans la pratique, sont applanies par cette simple méthode. Ces difficultés proviennent de la déclinaison des murs ou plans sur lesquels on veut tracer un cadran , et qu'on appelle selon telle ou telle déclinaison. Ainsi , un cadran sur un mur vertical , soit d'à-plomb , formant une ligne droite avec le diamètre de la *Terre* qui regarde directement le *Midi* , s'appelle *cadran vertical méridional* ; *cadran vertical septentrional*, quand il regarde directement le *Septentrion* ou *Nord* ; *cadran vertical méridional oriental* , quand il regarde l'Orient ou Levant ; *cadran vertical méridional occidental*, quand il regarde l'Occident ou Couchant , etc.

Pour tracer un cadran solaire sur un lieu quelconque de la *Terre* , il faut placer rigoureusement l'aiguille dans la direction du Nord ou de l'étoile polaire , pour notre hémisphère , que nous faisons connaître en Astronomie (page 74, fig. 10), et suivant les degrés de latitude du lieu, pour qu'elle soit ainsi parallèle à l'axe de la *Terre* ou du *Monde.*

Commençons par tracer un cadran sur l'Équateur , donc à zéro de latitude , et où l'aiguille doit être placée perpendiculairement sur le mur vertical , pour rendre l'opération facile , surtout par la figure 9 ci-après.

Figure 9. 68

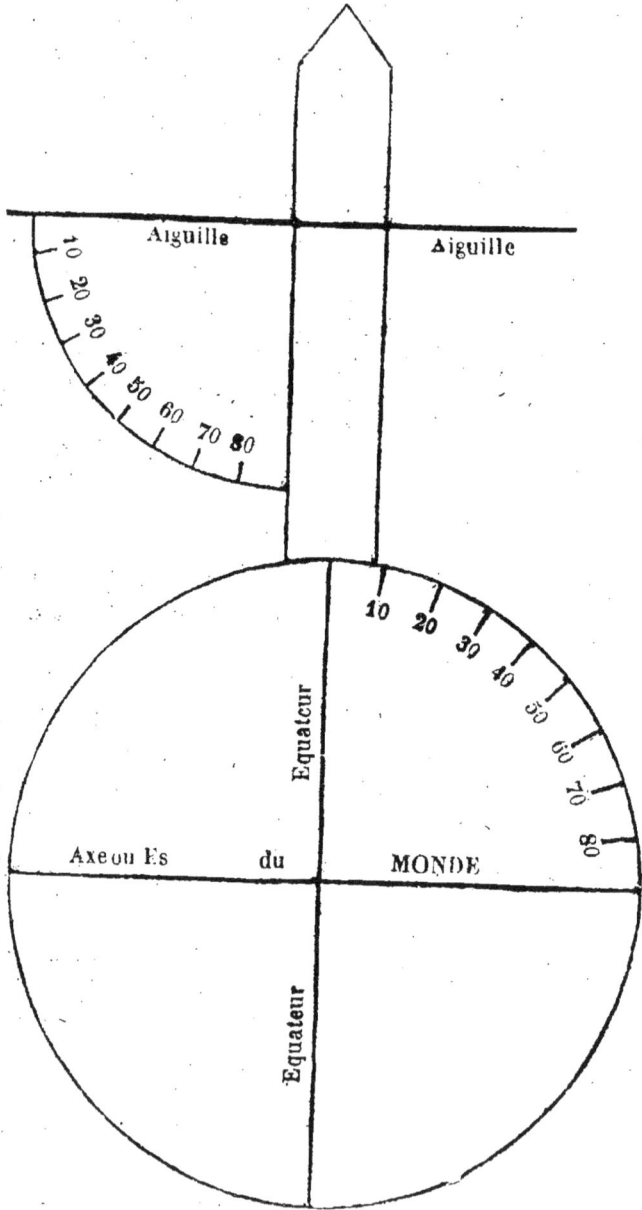

Aiguille   Aiguille

10 20 30 40 50 60 70 80

10 20 30 40 50 60 70 80

Equateur

Axe ou Es   du   MONDE

Equateur

Cette figure représente en même temps un cadran vertical septentrional , et un cadran vertical méridional , par le prolongement de l'aiguille qui se trouve évidemment parallèle ou soit d'égale largeur à l'axe du *Monde*. Ces deux cadrans ne peuvent différer de marquer *midi* également, et toutes les autres heures. Et le Soleil se trouve à leur zénith les 22 mars et 22 septembre.

Mais au fur et à mesure qu'on avance dans le nord., l'aiguille doit être abaissée sur le quart de cercle , aux degrés de latitude du lieu ; et elle s'élèvera par conséquent sur le cadran septentrional.

A Alger , par exemple , elle sera abaissée à 36 degrés 49 minutes , latitude de cette ville ; à Marseille , à 43 degrés 17 minutes ; à Lyon , à 45 degrés 45 minutes ; à Paris , à 48 degrés 50 minutes ; à Londres , à 51 degrés 31 minutes ; à Saint-Petersbourg , à 59 degrés 56 minutes ; ainsi de suite ; et l'aiguille finirait par se confondre dans le pôle avec l'axe de la *Terre*.

Cela étant compris , déterminons maintenant un *Méridien*, par rapport à l'*Étoile Polaire* , sur un lieu quelconque de la terre , quand elle sera visible , et avec une montre réglée au méridien de ce même lieu , quand elle sera invisible.

On détermine un Méridien par l'Étoile Polaire , vers la soirée , lorsqu'elle nous apparaît , sur le mur et par le point où l'on veut placer l'aiguille du cadran que l'on désire construire , par la rencontre d'un fil à plomb , que l'on tient en main , en déterminant à ses pieds , par la craie ou un piquet , mais à quelques pas de ce mur. Par ce procédé on peut connaître les degrés de déclinaison , par le quart de cercle , qu'on nomme dans ce cas *déclinatoire*. Par la montre on obtient le même résultat, en plantant avec précision, à midi, deux perches ou bâtons intermédiaires, de manière que leurs ombres forment une ligne droite : voilà ce que l'on appelle un méridien du lieu.

Le lendemain, au jour, on place l'aiguille dans cette direction, et, rigoureusement encore selon les degrés de latitude du lieu, au moyen d'un quart de cercle en bois ou en carton, disposé comme celui de la figure 9.

Quand l'étoile polaire est invisible ou cachée par des nuages, on se sert d'une montre et, à midi, l'aiguille doit être placée de manière que son ombre tombe sur la ligne du midi du cadran, que l'on trace d'avance, sur le mur, avec un plomb de maçon.

Nous ne parlerons pas de la boussole, parce que sa rectification n'est pas à la portée de toutes les mémoires.

Ensuite l'aiguille étant posée, dans les conditions ci-dessus, on trace d'après son ombre, de demi heure en demi heure, d'heure en heure, depuis le lever jusqu'au coucher du soleil, en donnant au cadran la forme désirée.

Ce que nous disons pour les cadrans de notre hémisphère *nord*, s'applique également pour l'hémisphère *sud*; mais en sens inverse.

NOTIONS D'ASTRONOMIE.

Nous n'avons pas l'intention de nous occuper de cette belle et utile science dans toute son étendue. Nous laissons ce soin à une plume plus habile que la nôtre.

Nous voudrions faire connaître combien cette science est encore maltraitée en plein 19me siècle, comme dans les siècles précédents. Car quiconque s'en occupe, en France surtout, n'est-il point qualifié de fou ou de sorcier? Et par qui? C'est ce que nous voudrions aussi rapidement examiner, si nous ne craignions de soulever des tempêtes et blesser bien des susceptibilités.

Mais nous ne pouvons différer de constater cependant qu'il y a partout des hommes de bon sens, d'un bon jugement et protecteurs des sciences; il y en a aussi d'absurdes, d'ignorants. Ce sont ces derniers, les détracteurs de la science astronomique et les ennemis de tous progrès.

Pour notre part, nous affirmons que l'Astronomie est indispensable à la société, et qu'elle est plus avancée qu'on ne pense. Il y a assurément aujourd'hui un très-grand nombre d'astronomes dans le public érudit, tous non sorciers ni fous, mais savants et studieux. Tous nos officiers de marine, depuis l'amiral jusqu'à l'officier subalterne, sont des astronomes. Les capitaines au long-cours le sont aussi. Les Anglais, sous ce rapport, sont de beaucoup plus avancés que nous.

En effet, si on compare la marine *anglaise* avec la marine *française*, l'avantage au point de vue astronomique n'est pas pour cette dernière. Il faut donc, orgueil national mis de côté, reconnaître à l'Angleterre sa supériorité incontestable. Les Américains seuls l'emportent sur elle. Courage donc, amis des arts et des sciences, et bravez tous détracteurs!

C'est à l'Astronomie que nous sommes redevables de tous les avantages que nous procure la navigation. Sans le secours de cette science, il serait impossible au marin de traverser les mers, de s'aventurer sans dangers, de diriger son navire vers le lieu qu'il se propose de communiquer avec des peuples encore inconnus. L'Océan présenterait une barrière insurmontable aux relations des peuples qui habitent des contrées éloignées ; et, au contraire, il est devenu la *grande route* des nations.

Cependant tout le monde s'accorde à dire que l'art de naviguer est ingénieux, et il l'envie. C'est cette science qu'on appelle *Astronomie nautique*.

A ce sujet et pour exciter les endurcis faisons un exemple aussi amusant qu'instructif. Soit un navire qui part de Jaffa, port sur la Méditerranée, à 45 lieues environ de Jérusalem, pour New-Yorck en Amérique. Tout l'équipage sait que la proue du navire doit se diriger vers le couchant où disparaissent les astres, puisque le port touche au continent d'Asie ; que le soleil et tous les astres doivent se lever de vers la poupe ; que l'aiguille de la boussole doit être constamment tournée à tribord ; qu'en tenant le milieu de la mer le navire est distancé des côtes, tant de tribord que de babord, de 70 lieues environ. Après plusieurs jours de marche, une tempête dans l'Océan fait détourner le navire. Le commandant ou capitaine, par un instrument, appelé *octant*, reconnaît au passage du soleil au méridien que le chronomètre marque trois heures après midi ; il en conclut que le navire se trouve à 45 degrés de longitude ouest de Paris, puisque la terre tourne sur elle-même en 24 heures, soit 15 degrés à l'heure. Par le même instrument le capitaine reconnaît encore que le soleil est à son Zénith, c'est-à-dire que le soleil n'a pas de déclinaison ; et cela le 22 septembre, à l'heure et le jour même du commencement de l'automne ; il en conclut aussi que le navire est sur l'équateur, à zéro degré de latitude. Alors il fait route vers sa destination.

Un jour viendra que les hommes liront dans la *voûte céleste* toutes ces étoiles, toutes ces constellations, comme ils lisent la musique, un manuscrit, un imprimé enfin.

Car de temps immémorial, les astronomes nous ont fait connaître la classification des étoiles par ordre de grandeur. On compte ordinairement 15 à 20 étoiles de 1re grandeur, 50 à 60 de la 2e grandeur, environ 200 de 3e grandeur, environ 5,000 le nombre total des six premières grandeurs, 13,000 de 7e grandeur, 40,000 dans la 8e grandeur, 140,000 dans la 9e.

Des Constellations. Toutes ces étoiles forment des compartiments de diverses grandeurs et de formes plus ou moins irrégulières. L'ensemble des étoiles de ces compartiments a formé un groupe particulier appelé *Constellation*, à laquelle on a donné un nom d'hommes, d'animaux et de divers objets. Lorsqu'on veut étudier l'astronomie, il est bon de s'exercer à les reconnaître. Nous allons faire connaître les principales.

La constellation de la *Grand'Ourse* (fig. 10) sera re-

5 h

connue avec la plus grande facilité, par la disposition de
sept étoiles brillantes qui la composent.

Fig. 10.

P. la

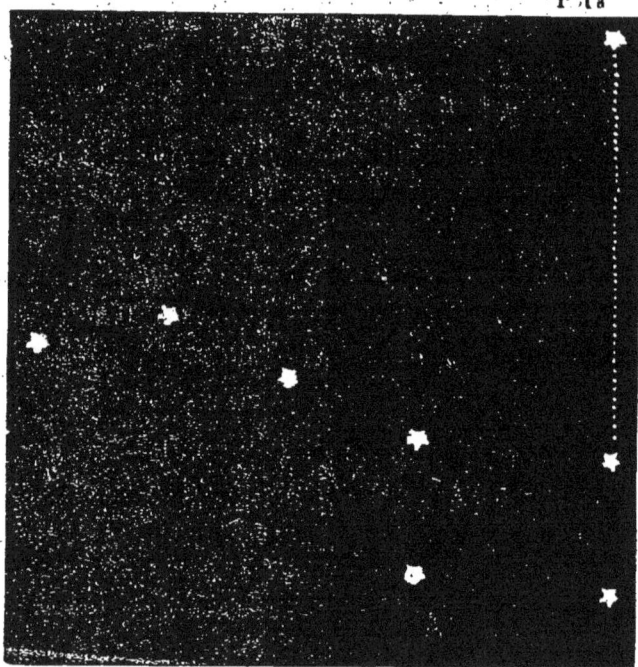

Cette constellation remarquable reste toujours au-dessus
de l'horizon à Paris. On lui donne aussi le nom de *Char*,
dont quelques étoiles sont appelées les roues, d'autres les
chevaux et une toute petite le postillon.

Dès que l'on connaît la *Grand'Ourse*, on peut s'en servir pour trouver d'autres constellations, surtout l'étoile
Polaire ou du Nord, qui nous servira pour les cadrans

solaires. La polaire forme l'extrémité de la queue de la
Petite Ourse. (Fig. 11.)

Figure 11.

Petit.—Ourse.   Polaire.

Gr.   e—i i e.

Orion, la plus brillante des constellations, que l'on
reconnaît à sa forme (figure 12), sans avoir besoin de
recourir aux étoiles déjà connues. Elle se compose de sept
étoiles principales, dont quatre occupent les angles d'un
grand quadrilatère, et les trois autres sont serrées en ligne
oblique au milieu de ce quadrilatère. Les trois étoiles cen-
trales forment le *Baudrier* d'Orion ; on les appelle aussi
les *Trois Rois* , le *Rateau*.

La ligne du Baudrier d'Orion , prolongée du côté de l'Est (levant), passe par *Sirius* , la plus brillante des étoiles fixes ; elle appartient à la constellation du *Grand Chien*.

Fig. 12.

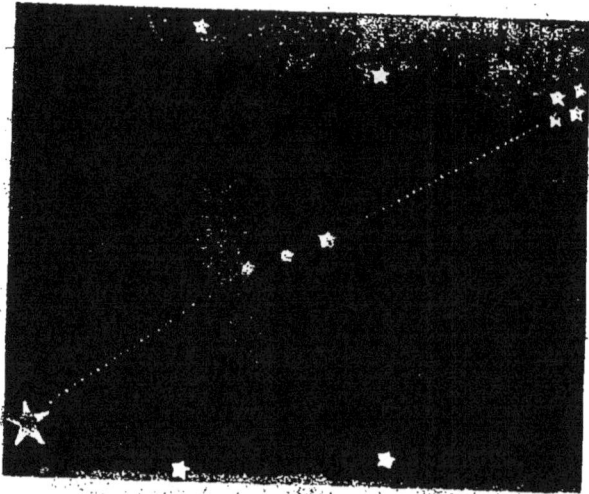

La *Vierge* (fig. 13.) forme un triangle équilatéral avec *Arcturus* , étoile appartenant à la constellation du *Bouvier* et une étoile de celle du *Lion*.

Fig. 13.

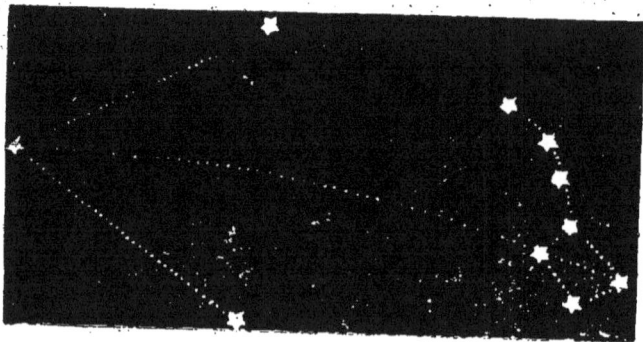

La *Lyre* (fig. 14.) formant avec Arcturus et la Polaire un grand triangle rectangle.

Fig. 14.

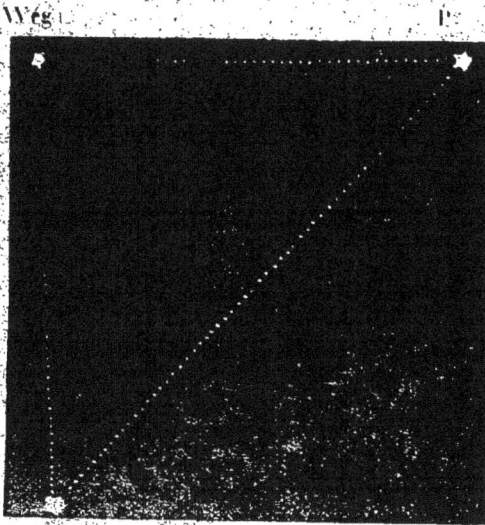

Des Comètes. — On les considérait autrefois comme des météores ou des exhalaisons engendrées par les vapeurs inflammables de notre atmosphère, et causaient de vives alarmes, dans les siècles d'ignorance, sur les habitants de la terre. Mais il est maintenant constaté qu'elles sont de véritables corps célestes.

Nous citerons celle de 1832 qui troubla beaucoup de populations. On savait que le 29 octobre, à minuit, elle devait couper le plan de l'écliptique très-près de l'orbite terrestre, et plusieurs journaux avaient annoncé qu'elle viendrait heurter notre globe. Aussi, pour rassurer les esprits, le *Bureau des longitudes* jugea convenable de faire publier tout ce que la science savait de précis sur la marche de cet astre. M. Arago, chargé de ce travail, inséra dans l'*Annuaire* une notice fort étendue, dans laquelle il prouva mathématiquement qu'il n'y avait rien à craindre, et que la comète serait toujours à plus de 20 millions de lieues de la terre.

La figure 15 représente une comète observée avec beaucoup de soin par M. Herschel fils, au cap de Bonne-Espérance, à la fin de 1835 et au commencement de 1836, avec un lunette dont le grossissement était de 70.

Fig. 15.

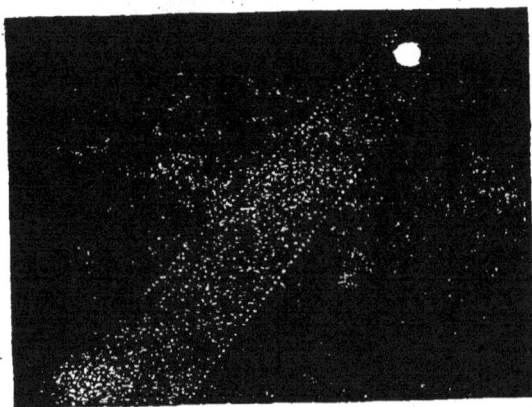

Des Éclipses. — Le terme éclipse dérive d'un mot grec, qui signifie être diminué, s'évanouir, mourir. Quand la pleine lune éclatante de lumière est subitement privée des rayons du soleil, elle paraît languissante et pâle comme si elle était malade au moment d'expirer. Aussi dans ces occa sions, les anciens superstitieux, s'imaginant que notre satellite souffrait par l'effet de quelque enchantement, avaient recours à de bruyantes conjurations pour essayer de le délivrer. Du reste les éclipses, avant qu'on en connût la cause, étaient généralement considérées comme surnaturelles et occasionnaient de grandes frayeurs ; car on les attribuait à l'intervention d'un Dieu mécontent.

Plusieurs siècles avant Jésus-Christ, les Mèdes et les Perses furent tellement effrayés par une éclipse de soleil, qui commença au moment où ils allaient se livrer un combat acharné, que les guerriers des deux partis déposèrent leurs armes d'un commun accord et conclurent un traité de paix.

De nos jours encore, on voit les peuplades chez qui le flambeau de la science n'a pu pénétrer, se former sur la cause des éclipses les idées les plus étranges.

M. Arago écrivit lors de l'éclipse du 8 juillet 1842 : « que les populations des plus pauvres villages des Pyrénées et des Alpes se transportèrent en masse sur les points culminants, d'où le phénomène devait être le mieux aperçu. Les personnes gravement malades, étaient seules restées dans leurs chambres. »

Nous avons lu à cette époque, dans un journal des Basses-Alpes, une anecdote qui mérite d'être conservée et que voici : Un pauvre enfant de la commune de Sièges gardait son troupeau. Ignorant complétement l'événement qui se préparait, il vit avec inquiétude le soleil s'obscurcir par degrés, car aucun nuage, aucune vapeur ne lui donnaient l'explication de ce phénomène. Lorsque la lumière disparut tout-à-coup, le pauvre enfant, au comble de la frayeur, se prit à pleurer et à appeler *au secours !*... Ses larmes coulaient encore lorsque le soleil donna son premier rayon. Rassuré à cet aspect, l'enfant croisa les mains en s'écriant : *O beou soleou !* (O beau soleil !.)

La frayeur qu'éprouvent les animaux au moment d'une éclipse totale du soleil est très-remarquable et se manifeste par des effets correspondants au caractère particulier de chaque espèce.

Ainsi, on a vu des oiseaux tomber morts de terreur, des chevaux, des bœufs, des ânes s'arrêter et refuser obstinément de marcher ; des poules, des canards abandonner leur nourriture et se réfugier sous le premier abri venu, des fourmis en pleine marche cesser leurs travaux, des abeilles rentrer dans leur ruche, et n'en sortir qu'après la fin de l'éclipse.

Les éclipses qui nous intéressent le plus sont celles de la lune et du soleil.

La figure 16 représente une éclipse annulaire du soleil ; la figure 17 le commencement d'une éclipse totale, et la figure 18, une éclipse totale.

Figure 16.

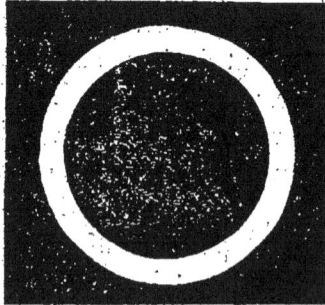

Figure 17.

Fig. 18.

Il est bien constaté aujourd'hui que dans une période de 18 ans ou de 223 lunaisons, il y a environ 70 éclipses : 29 de lune et 41 de soleil.

Il est également constaté qu'après 223 lunaisons, le soleil, la lune et les nœuds reviennent à peu près dans la même position relative. D'après cela, il est facile de prévoir approximativement les retours périodiques des éclipses. 223 Lunaisons équivalent, en y comprenant quatre fois le vingt-neuvième jour de février pour les années bissextiles à 18 ans, 11 jours, 7 heures, 4 minutes et 31 secondes ; par conséquent, si à l'époque d'une éclipse, soit de soleil, soit de lune, on ajoute le temps indiqué ci-dessus, on connaîtra l'époque moyenne du retour du même phénomène.

Les éclipses totales de soleil sont fort rares, mais elles sont plus fréquentes que celles de lune dont nous ne parlerons point. Celles du soleil ne peuvent avoir lieu qu'au moment de la conjonction de la lune. En même temps qu'il y a éclipse totale ou annulaire pour certains points de la surface de la terre, il y a éclipse partielle pour un grand nombre d'autres points. A Paris, par exemple, il n'y a eu qu'une seule éclipse totale de soleil dans le 18me siècle, celle de 1724. A Londres on a été pendant 575 ans sans en observer une seule depuis l'an 1140 jusqu'en 1715. Jusqu'à la fin du 19me siècle, on n'en verra que quatre : le 22 décembre 1870, le 19 août 1887, le 9 août 1896 et le 28 mars 1900. Aucune d'elles ne sera visible à Paris.

FIN.

TABLE DES MATIÈRES.

	Pages.
Avis au lecteur	3
Abrégé historique sur le Cadastre Français. . . .	5
Mesures Agraires Françaises et Étrangères	11
Tableau comparatif des Anciennes Mesures Agraires (des champs) avec les nouvelles de plusieurs Communes des départements des Bouches-du-Rhône, du Gard, de Vaucluse et de divers pays étrangers	12
Explication des prix des Mesures Agraires	16
Tableau comparatif de l'hectare avec les Anciennes Mesures Agraires de Marseille, d'Aix, d'Arles, de Nîmes et d'Avignon	20
Table pour déduire des levers et couchers du soleil à Paris, les levers et couchers de cet astre dans toute la France	25
Table des Corrections pour les levers et les couchers du soleil en France	30
Tableau des Latitudes, Longitudes et Altitudes de quelques villes de France	32
Formules diverses et faciles, géométriques et empiriques, pour apprendre soi-même les procédés pour mesurer une *Cuve*, un *Tonneau*, un *Foudre* ou autres vaisseaux, etc., et formules diverses . . .	34
Méthode théorique et pratique et formules diverses, pour mesurer les Bois de menuiserie, tonnellerie, etc. contenant la manière de procéder pour les réduc-	

Pages.

tions des Bois viciés , suivie de celle de mesurer
les surfaces de maçonnerie , de plâtrerie , carrelage , pavage , peinture , vitrerie , etc.   48
Manière d'obtenir le Cube d'une pièce de bois, ronde,
carrée, plate et en grume, avec plusieurs formules,
suivie d'une explication complète des défauts des bois
et de leurs réductions d'après les usages du commerce   53
Explication claire et succincte des défauts des Bois
et de leurs réductions. . . . , ...   56
Abrégé de la Sphère   60
Instruction pour se servir des Figures.   63
Manière de se servir des Figures   64
Notions de Gnomonique , ou l'art de tracer des Ca-
drans Solaires   66
Notions d'Astronomie   71

Avec Figures gravées par l'Auteur.

Béziers , Typographie d'Ernest Fuzier.

www.ingramcontent.com/pod-product-compliance
Lightning Source LLC
Chambersburg PA
CBHW050600210326
41521CB00008B/1051